宽阔水自然保护区

Bird Nests in Kuankuoshui
Nature Reserve 鸟巢图鉴

杨灿朝　梁　伟⊙著

Canchao Yang　&　Wei Liang

科学出版社

北京

内 容 简 介

本书系统地收录了贵州宽阔水国家级自然保护区 3 目 25 科 60 种常见鸟巢的特征信息及成鸟、巢、卵和各阶段雏鸟的照片，并对相似种进行对比和归纳，提供了鸟巢的基础信息，有助于野外工作时鸟巢的鉴定。

本书图文并茂，可供野生动物保护管理人员和广大动物爱好者参阅。

图书在版编目 (CIP) 数据

宽阔水自然保护区鸟巢图鉴 / 杨灿朝，梁伟著 . —北京：科学出版社，2018.2

ISBN 978-7-03-055334-8

I. ①宽… II. ①杨… ②梁… III. ①自然保护区－鸟类－贵州－图集 IV. ① Q959.708-64

中国版本图书馆 CIP 数据核字 (2017) 第 277149 号

责任编辑：郭勇斌 彭婧煜 / 责任校对：樊雅琼
责任印制：张克忠 / 封面设计：黄华斌

科学出版社 出版
北京东黄城根北街16号
邮政编码：100717
http://www.sciencep.com

北京汇瑞嘉合文化发展有限公司 印刷
科学出版社发行 各地新华书店经销

*

2018年2月第 一 版 开本：787×1092 1/16
2018年2月第一次印刷 印张：9 3/4
字数：210 000

定价：118.00元
（如有印装质量问题，我社负责调换）

作者简介

杨灿朝，研究员，博士生导师，广东潮汕人，毕业于中山大学，现任教于海南师范大学生命科学学院，研究方向为鸟类行为生态与进化。

梁伟，教授，博士生导师，贵州凯里人，毕业于北京师范大学，现任海南师范大学生命科学学院副院长，研究方向为鸟类行为生态与进化。

2015 年，国际鸟类基因组联盟在《自然》（*Nature*）杂志上宣布，拟在未来 5 年内构建约 10 500 种全部现生鸟类的基因组图谱。这一消息似乎可让全球的鸟类学家和进化生物学家欢欣雀跃。然而，武汉大学的卢欣教授随即在《科学》（*Science*）上撰文指出，物种的自然历史信息，作为解析基因组序列的关键表型，在鸟类中却十分稀少。关于鸟类自然历史的其他方面，我们所知甚少。

要了解动物，就必须研究其生活史，尽管这很可能需要全球科学家们更长时间的努力。鸟巢是鸟类生活史研究中必不可少的重要部分。在我国，通过老一辈科学家的努力，《中国鸟类志》等许多科学巨著得以完成，使我们获得了大量鸟类生活史方面的宝贵资料。但可惜的是，以往光学摄影等技术相对落后，有关鸟巢的各种形态特征未能以影像资料的方式保存，更多的只能是通过描述或手绘等代替。而今，数码摄影技术高度发展，获取彩色相片更方便快捷，但仍然缺乏鸟巢方面的彩色图鉴。一方面，随着分子生物学技术的发展，从事野外一线工作的鸟类学家越来越少；另一方面，鸟类相关的图鉴几乎都集中在成鸟，这是因为成鸟相对容易拍摄且具有较强的观赏性，鸟巢作为鸟类育雏的重要场所，非常隐蔽，只有常年从事野外工作的学者才有机会接触到。鉴于以上原因，笔者将十多年来在贵州宽阔水国家级自然保护区从事鸟类研究时所收集的鸟巢图像和数据资料整理成文，希望能为鸟类生活史的研究提供基础资料。

本书的出版得到国家自然科学基金项目（No. 31260514）的资助和贵州宽阔水国家级自然保护区的支持，所收集到的鸟巢、鸟卵、雏鸟和成鸟等相片共计 350 余张，其中涉及成鸟的相片中有 30 张由友人提供，在此一并表示衷心感谢。提供相片的友人包括美国加利福尼亚大学的 Bruce Lyon（14 张）、中国鸟类资深摄影家田穗兴（11 张）和陈久桐（5 张）。有关鸟类分类地位和成鸟特征的描述，主要参考《中国鸟类分类与分布名录（第三版）（郑光美，2017）和《世界鸟类手册》（网络版）（*Handbook of the Birds of the World Alive*）。由于作者水平有限，书中如有疏漏之处，请各位读者批评指正。

作　者

2017 年 6 月于海口

目　　录

贵州宽阔水国家级自然保护区概况

贵州宽阔水国家级自然保护区位于贵州省绥阳县北部，东与正安县相邻，西与桐梓县接壤，为三县交界地区。总面积 26 231 hm²，地理位置为 28°06'25" ～ 28°19'25" N，107°02'23" ～ 107°14'09" E。海拔在 650 ～ 1762 m。森林覆盖率 80%，植被为以亮叶水青冈（*Fagus lucida*）林为主的原生性常绿落叶阔叶林，以及亚热带常绿阔叶林和常绿落叶阔叶混交林。该保护区位于大娄山东南侧，受西南季风和东南季风的影响，气温常年在 11.7 ～ 15.2℃，年平均相对湿度超过 82%，年降水量为 1300 ～ 1350 mm，集中于每年的 4 ～ 10 月，占年降水量的 80% 以上。保护区记录到鸟类 16 目 42 科 171 种，约占贵州省鸟类总数的 40%，其鸟类区系富有东洋界华中区特征。

1　金色鸦雀

拉丁名：*Suthora verreauxi*
英文名：Golden Parrotbill
分类地位：雀形目 > 莺鹛科

金色鸦雀的吊巢

巢： 杯状正开口吊巢，内口径 3.5 cm 左右，深 3 ～ 4.6 cm。营巢于竹林，巢由枯草丝和枯草纤维编织，巢上方有枯草丝将巢悬吊于竹末端，巢外围时有苔藓包裹。窝卵数 2 ～ 5 枚。

卵： (14.6 ～ 15.3) mm×(11.0 ～ 11.5) mm，重 0.9 ～ 1.0 g，白色或浅蓝色。

金色鸦雀白色型卵

金色鸦雀浅蓝色型卵

雏鸟： 刚出壳的绒羽期雏鸟头被灰黑色长绒毛，喙基部黄色；针羽期针羽灰黑色；正羽期针羽羽鞘破开露出棕红色羽毛；齐羽期身体羽毛棕红色。

金色鸦雀绒羽期雏鸟

金色鸦雀正羽期雏鸟

相似种及区分：卵的颜色和大小与灰喉鸦雀（*Sinosuthora alphonsiana*）的白色和浅蓝色型卵相似，但金色鸦雀的巢为独特的悬吊结构，巢也均筑于竹林，不同于灰喉鸦雀筑于草丛、灌丛和茶地。另外，灰喉鸦雀繁殖密度很高，而金色鸦雀的巢很罕见。

金色鸦雀齐羽期雏鸟

成鸟：约 11.5 cm，赭黄色，喉黑，头顶、翼斑及尾羽羽缘橘黄色，具白色的短眉纹，喉部有明显的黑色斑块。虹膜深褐色，上喙灰色，下喙和脚带有粉色。

金色鸦雀成鸟

2　暗绿绣眼鸟

拉丁名：*Zosterops japonicus*

英文名：Japanese White-eye

分类地位：雀形目 > 绣眼鸟科

暗绿绣眼鸟的巢和卵

巢：杯状正开口，内口径 2～6 cm，深 2～5 cm。营巢于乔木、灌丛、竹林和茶地。巢外层为苔藓和蜘蛛丝编织，内层为芒絮和枯草纤维，有时内垫黑丝。窝卵数 3～5 枚。

卵：(14.2～17.2) mm×(11.1～12.8) mm，重 0.7～1.4 g，纯白色无斑。

雏鸟：刚出壳的绒羽期雏鸟头被少量白色的短小绒毛，喙基部黄色；针羽期针羽灰黑色；正羽期针羽羽鞘破开露出绿色至深绿色羽毛；齐羽期羽色接近成鸟，通体羽毛绿色，腹部白色。

暗绿绣眼鸟绒羽期雏鸟

暗绿绣眼鸟针羽期雏鸟

暗绿绣眼鸟齐羽期雏鸟

相似种及区分：本种特征明显，以蛛丝、苔藓和芒絮编织成的小型杯状巢，常筑于枝丫处，卵小纯白色，没有容易混淆的相似种类。

暗绿绣眼鸟正羽期雏鸟

成鸟：8.8～11.5 cm，上体鲜亮绿橄榄色，具明显的白色眼圈和黄色的喉及臀部，胸及两胁灰色，腹白色。虹膜浅褐色，喙灰色，脚偏灰色。

暗绿绣眼鸟成鸟

3　　灰 喉 鸦 雀

拉丁名：*Sinosuthora alphonsiana*
英文名：Ashy-throated Parrotbill
分类地位：雀形目 > 莺鹛科

灰喉鸦雀白色型卵

巢：杯状正开口，内口径 3.5 ～ 6.5 cm，深 3 ～ 6 cm。营巢于草丛、灌丛和茶地。巢外层为枯草或枯竹叶，有时有苔藓或蜘蛛丝包裹，内层为枯草纤维，有时内垫黑色至白色兽毛。窝卵数 3 ～ 6 枚。

卵：(14.1 ～ 17.5) mm×(11.1 ～ 13.7) mm，重 0.9 ～ 1.7 g，主要为白色或蓝色，少数为居于中间的浅蓝色，均纯色无斑点。白色型卵孵卵早期由于卵黄颜色透出而呈浅粉黄色，后期呈粉白色；蓝色型卵孵卵早期蓝色较浅，后期蓝色越发明显；浅蓝色型卵早期容易被误认为白色型，后期浅蓝色显现。

灰喉鸦雀浅蓝色型卵

灰喉鸦雀蓝色型卵

灰喉鸦雀绒羽期雏鸟

灰喉鸦雀针羽期雏鸟

灰喉鸦雀正羽期雏鸟

雏鸟：刚出壳的绒羽期雏鸟光秃无绒毛，喙基部浅黄色；针羽期针羽灰黑色；正羽期针羽羽鞘破开露出棕色羽毛；齐羽期身体羽毛棕色，头部有类似成鸟的棕红色头顶。

相似种及区分：巢的结构和大小与钝翅苇莺（*Acrocephalus concinens*）相似，但卵色不同，钝翅苇莺为白色底布橄榄褐色斑点；另外，金色鸦雀（*Suthora verreauxi*）的卵与灰喉鸦雀的白色型卵和浅蓝色型卵相似，但其巢为悬吊结构。

灰喉鸦雀齐羽期雏鸟

成鸟：12.5～13 cm，头顶棕红色，脸颊至头侧、颈部和喉部灰色。虹膜褐色，喙小，浅黄色，脚粉红色。

灰喉鸦雀成鸟

4　灰林䳭

拉丁名：*Saxicola ferreus*
英文名：Grey Bushchat
分类地位：雀形目 > 鹟科

灰林䳭的巢和卵

巢：小碗状正开口，内口径 4.5 ～ 8 cm，深 3 ～ 5 cm。营巢于有植被覆盖的土坎土坡，少数于石洞、土洞、茶地和灌丛。巢外层为苔藓和枯草，内层为枯草纤维和兽毛，兽毛常为白色。窝卵数 3 ～ 6 枚。

卵：(16.4 ～ 19.1) mm×(13.1 ～ 14.9) mm，重 1.4 ～ 2.2 g，纯蓝色无斑，极少情况下存在不明显的浅棕色细纹。

雏鸟：刚出壳的绒羽期雏鸟头背被灰色绒毛，喙基部黄色；针羽期针羽灰黑色；正羽期针羽羽鞘破开露出棕黄色和黑色相间的羽毛；齐羽期通体羽毛为棕黄色和黑色组成的纵纹。

灰林䳭绒羽期雏鸟　　　　　　　　　　灰林䳭针羽期雏鸟

灰林鵙正羽期雏鸟

灰林鵙齐羽期雏鸟

相似种及区分：本种巢的结构、材料和生境与黄喉鹀（*Emberiza elegans*）、灰眉岩鹀（*Emberiza godlewskii*）等鹀类相似，都是筑于有植被覆盖的土坎土坡上，其位于石洞土洞的巢生境则与白鹡鸰、灰鹡鸰、北红尾鸲和铜蓝鹟（*Eumyias thalassinus*）有重叠。但灰林鵙的卵色与其他种类差别很大，为纯蓝色无斑，极少情况下存在不明显的浅棕色细纹。其卵明显大于灰喉鸦雀（*Sinosuthora alphonsiana*）蓝色型卵，又明显小于产蓝色卵的噪鹛类。

成鸟：14～15 cm，虹膜深褐色，喙灰色，脚黑色。雄鸟上体灰蓝色斑驳，醒目的白色眉纹及黑色脸罩与白色的额及喉成对比，下体近白色，烟灰色胸带延至两胁，翼及尾黑色，飞羽及外侧尾羽羽缘灰色。雌鸟似雄鸟，但以褐色取代灰蓝色，腰为栗褐色。

灰林鵙成鸟（雄性）

灰林鵙成鸟（雌性）

5 铜 蓝 鹟

拉丁名：*Eumyias thalassinus*

英文名：Verditer Flycatcher

分类地位：雀形目 > 鹟科

铜蓝鹟的巢和卵

巢：小碗状正开口，内口径 5 ~ 7 cm，深 3 ~ 5 cm。营巢于塌陷的土坎内侧、土坡、墙洞、石洞、屋檐及电表箱，极少情况位于乔木和草丛。巢材由大量苔藓和枯草纤维编织而成，巢外层有时有枯树叶，内层有时有须根。窝卵数 3 ~ 6 枚。

卵：(17.3 ~ 20.3) mm×(13.3 ~ 15.0) mm，重 1.8 ~ 2.3 g，纯粉色、白色或带浅棕褐色斑点、细纹、晕带。

雏鸟：刚出壳的绒羽期雏鸟头背被灰黑色绒毛，喙基部浅黄色；针羽期针羽灰黑色；正羽期针羽羽鞘破开露出灰蓝色羽毛；齐羽期全身羽毛为灰蓝色带棕黄色点斑。

铜蓝鹟绒羽期雏鸟

铜蓝鹟针羽期雏鸟

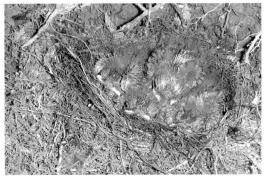

铜蓝鹟正羽期雏鸟

铜蓝鹟齐羽期雏鸟

相似种及区分：巢的结构、材料和生境与北红尾鸲（*Phoenicurus auroreus*）、白额燕尾（*Enicurus leschenaulti*）和灰背燕尾（*Enicurus schistaceus*）相似，区别在于，北红尾鸲的巢几乎位于人居环境的墙洞、石洞和屋檐，与铜蓝鹟的人居巢址很相似，但其巢内垫有羽毛。铜蓝鹟巢址除了墙洞、电表箱等人居环境，还包括土坎土坡等环境，且为典型的塌陷土坎内侧，裸露无植被。燕尾不在人居环境筑巢，其巢位于靠近溪流等水边的裸露塌陷土坎上。另外，这些种类的卵差别很大，北红尾鸲为白色或淡蓝色带红褐色斑点，燕尾的卵明显大，密布棕色斑点，铜蓝鹟卵色变异大，具纯粉色、白色或带浅棕褐色斑点、细纹、晕带。

成鸟：13 ～ 16 cm，全身蓝绿色，雄鸟眼先黑色，雌鸟色较暗，眼先暗黑。雄雌两性尾下覆羽均具偏白色鳞状斑纹。亚成鸟灰褐色沾绿色，具皮黄色及近黑色的鳞状纹及点斑。

铜蓝鹟成鸟

6　白腹短翅鸲

拉丁名：*Luscinia phoenicuroides*
英文名：White-bellied Redstart
分类地位：雀形目 > 鸫科

白腹短翅鸲的巢和卵

巢：杯状正开口，内口径 5 ～ 6.5 cm，深 3.5 ～ 5.5 cm。营巢于茶地、灌丛，极少情况在草丛。巢材为枯草和须根，巢内垫羽毛，有时内层还有枯草纤维。窝卵数 2 ～ 4 枚。

卵：(18.6 ～ 23.6) mm×(15.0 ～ 16.9) mm，重 2.0 ～ 3.2 g，深亮蓝色至青蓝色，纯色无斑。

雏鸟：刚出壳的绒羽期雏鸟头背被灰黑色绒毛，喙基部黄色；针羽期针羽灰黑色；正羽期针羽羽鞘破开露出棕黄色和棕褐色相间的羽毛；齐羽期身体羽毛为棕褐色带棕黄色斑点，集中在头顶和背部。

白腹短翅鸲绒羽期雏鸟

白腹短翅鸲针羽期雏鸟

相似种及区分：巢的结构、生境和卵色与矛纹草鹛（*Babax lanceolatus*）较相似，但白腹短翅鸲的巢和卵都明显小于矛纹草鹛，且巢内层垫有羽毛，其巢址几乎位于茶地，而矛纹草鹛的巢址较多样，包括茶地、灌丛和草丛。

白腹短翅鸲正羽期雏鸟

接近齐羽期的白腹短翅鸲雏鸟

成鸟：18～19 cm，尾长，外侧尾羽基部棕色，翼短，几不及尾基部。虹膜褐色，喙和脚黑色。雄鸟的头胸及上体深蓝色，腹白，尾下覆羽黑色而端白，尾长楔形，两翼灰黑，初级飞羽的覆羽具两明显白色小点斑，雌鸟橄榄褐色，眼圈皮黄，下体较淡。

已出巢的白腹短翅鸲幼鸟

白腹短翅鸲成鸟（雄性）

白腹短翅鸲成鸟（雌性）

7   画 眉

拉丁名：*Garrulax canorus*

英文名：Hwamei

分类地位：雀形目 > 噪鹛科

画眉的巢和卵

巢：碗状正开口，内口径 6 ~ 12 cm，深 3.5 ~ 6.5 cm。多为地面巢，巢位于草丛、灌丛和茶地基部，少数位于乔木、竹林和土坎。巢材为枯树叶和枯草纤维，巢内垫枯草细丝。窝卵数 2 ~ 5 枚。

卵：(24.0 ~ 28.4) mm×(18.8 ~ 21.8) mm，重 3.6 ~ 6.3 g，淡青色至淡蓝绿色，光滑无斑。

雏鸟：刚出壳的绒羽期雏鸟全身光秃无绒毛；喙基部黄色至浅黄色；进入针羽期体表逐渐长出近黑色针羽；进入正羽期后针羽顶端的羽鞘破开露出棕褐色羽毛；到齐羽期羽毛接近成鸟，但尾羽短小，白色眉纹开始显现。

画眉绒羽期雏鸟

画眉针羽期雏鸟

画眉正羽期雏鸟　　　　　　　　即将进入齐羽期的画眉雏鸟

相似种及区分：卵大小和颜色与棕噪鹛（*G. berthemyi*）和矛纹草鹛（*Babax lanceolatus*）相似，但画眉巢很松散，最外层和底部常有大的树叶或竹叶为垫，卵也常偏圆，主要筑于地面，而棕噪鹛主要营巢于树上，矛纹草鹛主要营巢于灌丛中。

成鸟：20～25 cm，全身羽色主要为棕褐色，眼圈白色，并沿上缘形成一窄纹向后延伸至枕侧，形成清晰的眉纹，下体棕黄色，喉至上胸杂有黑色纵纹，腹中部灰色。

画眉成鸟

8 白颊噪鹛

拉丁名：*Garrulax sannio*
英文名：White-browed Laughingthrush
分类地位：雀形目 > 噪鹛科

白颊噪鹛的巢和白色型卵

白颊噪鹛的巢和浅蓝色型卵

巢：碗状正开口，内口径 6～10 cm，深 4～9 cm，筑巢于灌丛、茶地和竹林，少数在乔木。巢外层为树叶和枯枝，内垫松针，有时还垫有枯草细丝。窝卵数 2～4 枚。

卵：(24.0～29.1) mm×(18.4～21.4) mm，重 4.2～6.6 g，白色至浅蓝色，白色型卵在孵卵早期由于卵黄颜色透出而呈现微粉肉色，后期变成纯白色，浅蓝色型卵在孵卵后期蓝色越发明显。

雏鸟：绒羽期雏鸟全身赤裸无绒毛，喙基部白色；接着皮肤颜色渐深并进入针羽期；进入正羽期雏鸟针羽羽鞘破开露出棕色羽毛；至齐羽期头顶深棕色明显，且开始显现成鸟的皮黄白色眉纹。

白颊噪鹛刚出壳的绒羽期雏鸟

白颊噪鹛针羽期雏鸟

白颊噪鹛正羽期雏鸟

白颊噪鹛齐羽期雏鸟

相似种及区分：巢与棕噪鹛（*G. berthemyi*）和矛纹草鹛（*Babax lanceolatus*）相似，但白颊噪鹛一般营巢于竹林和灌丛，巢常比矛纹草鹛高，巢杯底部常可见棕色松针，卵色也与两者不同。

成鸟：20～24 cm，灰褐色噪鹛，尾下覆羽为棕色，皮黄白色的脸部图纹和眉纹明显。虹膜和喙褐色，脚灰褐色。

白颊噪鹛成鸟

9　矛纹草鹛

拉丁名：*Babax lanceolatus*
英文名：Chinese Babax
分类地位：雀形目 > 噪鹛科

矛纹草鹛的巢和卵

巢：碗状正开口，内口径 7 ～ 10 cm，深 4 ～ 8 cm。营巢于灌丛、茶地和草丛，少数在乔木，巢外层为细枝（常为枯蒿枝）和枯草，内层为弯曲的草根加枯草纤维。窝卵数 2 ～ 4 枚。

卵：(24.2 ～ 30.4) mm×(18.5 ～ 22.3) mm，重 4.2 ～ 7.0 g，青蓝色，光滑无斑点。

雏鸟：刚出壳的绒羽期雏鸟头背被棕灰色短绒毛，喙基部黄色；针羽期针羽灰黑色；正羽期针羽羽鞘破开露出棕色羽毛；齐羽期身体羽毛棕色，头侧、颈部和胸部初显类似成鸟的纵纹。

矛纹草鹛绒羽期雏鸟

矛纹草鹛针羽期雏鸟

相似种及区分：卵大小和颜色与棕噪鹛（*Garrulax berthemyi*）和画眉（*Garrulax canorus*）相似，但画眉巢很松散，最外层和底部常有大的树叶或竹叶为垫，卵也常偏圆，主要筑于地面，而棕噪鹛主要营巢于树上，且很罕见。矛纹草鹛刚出壳雏鸟被灰色短绒毛，而画眉光秃无毛，棕噪鹛具白色短绒毛；齐羽期矛纹草鹛雏鸟具纵纹，而画眉和棕噪鹛为较单一的棕褐色，画眉初显白色眉纹。

矛纹草鹛正羽期雏鸟

成鸟：22.5～29.5 cm，身体具明显纵纹，甚长的尾上具狭窄的横斑，嘴略下弯，脸颊以下具特征性的深色髭纹。虹膜黄色，喙黑色，脚粉褐色。

矛纹草鹛齐羽期雏鸟

矛纹草鹛成鸟

10 棕噪鹛

拉丁名：*Garrulax berthemyi*
英文名：Buffy Laughingthrush
分类地位：雀形目 > 噪鹛科

巢：碗状正开口，内口径 8 ～ 20 cm，深 4 ～ 7 cm，营巢于乔木枝丫上。巢材为枯枝、树叶和草茎，巢内垫枯草纤维和黑丝，有时还垫有松针。窝卵数 4 枚左右。

卵：(26.0 ～ 33.3) mm×(20.1 ～ 21.9) mm，重 5.6 ～ 7.6 g，亮蓝色至青蓝色，光滑无斑。

棕噪鹛的巢和卵

雏鸟：绒羽期刚出壳的雏鸟头被白色的短绒毛，喙基部黄色；针羽期针羽灰黑色；进入正羽期羽鞘破开露出棕色羽毛。

相似种及区分：卵大小和颜色与画眉（*G. canorus*）和矛纹草鹛（*Babax lanceolatus*）相似，但画眉巢很松散，最外层和底部常有大的树叶或竹叶为垫，卵也常偏圆，主要筑于地面，而棕噪鹛主要营巢于树上，矛纹草鹛主要营巢于灌丛中。

棕噪鹛绒羽期雏鸟

刚进入正羽期的棕噪鹛雏鸟

成鸟：27～29 cm，眼周裸露皮肤为蓝色，头、胸、背、两翼及尾橄榄栗褐色，顶冠略具黑色的鳞状斑纹，腹部及初级飞羽羽缘灰色，臀白。

棕噪鹛成鸟

11 灰胸竹鸡

拉丁名：*Bambusicola thoracicus*
英文名：Chinese Bamboo Partridge
分类地位：鸡形目 > 雉科

巢：正开口，内口径 8 cm 左右。营巢于地面。巢材为细枝和枯叶。窝卵数 5 ～ 8 枚。
卵：(33.8 ～ 35.1) mm×(24.9 ～ 26.2) mm，重 11.2 ～ 12.3 g，白色带皮黄色。

灰胸竹鸡的巢和卵

雏鸟：早成性，头部棕色，身体为棕色、褐色和黑色夹杂。

相似种及区分：本种的卵色与同为地面巢的红腹锦鸡（*Chrysolophus pictus*）相似，但红腹锦鸡卵明显较大，且灰胸竹鸡卵颜色较白。另外，环颈雉（*Phasianus colchicus*）也营地面巢，但其卵为橄榄绿色，也明显大于灰胸竹鸡。

成鸟：30 ～ 33 cm，额、眉线及颈项蓝灰色，与脸、喉及上胸的棕色成对比。上背、胸侧及两胁有月牙形的大块褐斑。虹膜红褐色，喙褐色，脚灰绿色。

灰胸竹鸡的雏鸟

灰胸竹鸡成鸟

12　红腹锦鸡

拉丁名：*Chrysolophus pictus*
英文名：Golden Pheasant
分类地位：鸡形目 > 雉科

巢：正开口，内口径 16～23 cm。营巢于地面。巢材为枯枝、树叶和羽毛。窝卵数 4～9 枚。

卵：(41.5～46.2) mm×(31.0～36.8) mm，重 23.0～31.2 g，皮黄色。

红腹锦鸡的巢和卵

雏鸟：早成性。

相似种及区分：本种的卵色与同为地面巢的灰胸竹鸡（*Bambusicola thoracicus*）相似，但红腹锦鸡卵明显较大，且灰胸竹鸡卵颜色较白。另外，环颈雉（*Phasianus colchicus*）也营地面巢，且所产卵的大小与红腹锦鸡相似，但颜色为橄榄绿色。

成鸟：59 ～ 107 cm，虹膜黄色，喙黄绿色，脚角质黄色。雄鸟头顶及背有耀眼的金色丝状羽，枕部披风为金黄色并具黑色条纹，上背金属绿色，下体绯红色，翼为金属蓝色，尾长而弯曲，中央尾羽近黑而具皮黄色点斑，其余部位黄褐色。雌鸟体型较小，全身黄褐色，上体密布黑色带斑，下体淡皮黄色。

红腹锦鸡成鸟（雌性）

红腹锦鸡成鸟（雄性）

13 环颈雉

拉丁名：*Phasianus colchicus*
英文名：Common Pheasant
分类地位：鸡形目 > 雉科

环颈雉的巢和卵

巢：正开口，内口径 21 ～ 23 cm。营巢于地面和小土坡。巢材为枯草枝和枯草。窝卵数 5 ～ 9 枚。

卵：(42.8 ～ 48.1) mm×(33.7 ～ 35.6) mm，重 26.4 ～ 29.2 g，橄榄绿色。

雏鸟：早成性，身体羽毛为黑色、棕褐色和浅棕色相间。

环颈雉的雏鸟

相似种及区分：本种的巢和卵大小与同为地面巢的红腹锦鸡（*Chrysolophus pictus*）相似，但红腹锦鸡卵为皮黄色，环颈雉卵为橄榄绿色。另外，灰胸竹鸡（*Bambusicola thoracicus*）也营地面巢，卵颜色接近红腹锦鸡，但卵明显小于红腹锦鸡和环颈雉。

成鸟：60～85 cm，虹膜黄色，喙皮黄色，脚略灰色。雄鸟头部具黑色光泽，有显眼的耳羽簇，宽大的眼周裸皮鲜红色，身体点缀发光羽毛，从墨绿色至铜色和金色，两翼灰色，尾长而尖，褐色并带黑色横纹。雌鸟色暗淡，周身密布浅褐色斑纹。

环颈雉成鸟（雌性）

14 栗头鹟莺

拉丁名：*Seicercus castaniceps*
英文名：Chestnut-crowned Warbler
分类地位：雀形目 > 柳莺科

栗头鹟莺的巢

巢：侧开口，内口径 2 ～ 6 cm，深 3 ～ 8 cm。营巢于塌陷的土坎内侧，一般需要用手电筒等照明工具照亮才能看到，极少情况筑于茶地、灌丛。巢由大量的苔藓、细枝、须根和枯草纤维编织而成。窝卵数 3 ～ 6 枚。

卵：(12.9 ～ 15.9) mm×(10.5 ～ 11.7) mm，重 0.6 ～ 1.2 g，纯白色。

雏鸟：刚出壳的绒羽期雏鸟头被灰色短绒毛，喙基部浅黄色；针羽期针羽灰黑色；正羽期针羽羽鞘破开露出黄色和褐色相间的羽毛；齐羽期背部和翅膀为褐色羽带明显黄色羽缘，喉胸部灰色，头顶开始显现类似成年雌鸟的浅棕黄色顶冠纹。

栗头鹟莺的卵

栗头鹟莺绒羽期雏鸟

栗头鹟莺正羽期雏鸟

栗头鹟莺针羽期雏鸟　　　　　　　栗头鹟莺齐羽期雏鸟

相似种及区分：巢和卵与比氏鹟莺（*S. valentini*）和西南冠纹柳莺（*Phylloscopus reguloides*）相似，三者的卵均为纯白色，但栗头鹟莺的巢几乎筑于塌陷的土坎内侧，巢周围几乎无植被且光线很暗，一般需要用手电筒等照明工具才能看到，这种特殊的微生境可以将其与另外两种区分开。

成鸟：9～10 cm，橄榄色莺，顶冠红褐，侧顶纹及过眼纹黑色，眼圈白色，脸颊灰，翼斑黄色，腰及两胁黄，胸灰，腹部黄灰。虹膜褐色，上喙黑，下喙较浅，脚角质灰色。雄性头顶红褐色，雌性色浅，偏黄色。

栗头鹟莺成鸟（左雄右雌）

15　棕腹柳莺

拉丁名：*Phylloscopus subaffinis*
英文名：Buff-throated Warbler
分类地位：雀形目 > 柳莺科

棕腹柳莺的巢和卵

巢：侧开口，内口径 3 ～ 5 cm，深 4 ～ 8 cm。营巢于茶地、灌丛和草丛。巢材为细枝和枯草纤维，巢内垫羽毛，巢外围有时有苔藓包裹。窝卵数 3 ～ 5 枚。

卵：(13.6 ～ 15.7) mm×(10.9 ～ 12.8) mm，重 0.7 ～ 1.2 g，纯白色。

雏鸟：刚出壳的绒羽期雏鸟头被灰色短绒毛，喙基部黄色；针羽期针羽灰黑色；正羽期针羽羽鞘破开露出棕色羽毛；齐羽期羽色接近成鸟，背部、翅膀和头顶羽毛棕色，胸腹部棕黄色，棕黄色眉纹开始出现，但不明显。

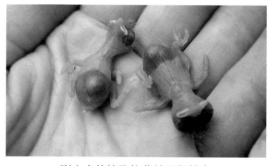

刚出壳的棕腹柳莺绒羽期雏鸟

棕腹柳莺针羽期雏鸟

刚进入正羽期的棕腹柳莺雏鸟

相似种及区分：巢生境与强脚树莺（*Horornis fortipes*）重叠，同为侧开口并内垫羽毛，但巢材和卵色与强脚树莺不同，巢材为细的枯枝和草编织，卵纯白色，而强脚树莺巢材为枯草或竹叶，卵棕红色。另外，红头穗鹛（*Cyanoderma ruficeps*）也营侧开口巢于相似生境，巢材类似强脚树莺也为竹叶或枯草，但巢内无羽毛垫底，卵白色带有浅棕色斑点，有时斑点极少。

即将进入齐羽期的棕腹柳莺雏鸟

棕腹柳莺成鸟 1

成鸟：9～11 cm，橄榄绿色柳莺，眉纹暗黄，上体从额至尾上覆羽呈橄榄褐色，腰和尾上覆羽颜色稍淡，飞羽、尾羽及翅上外侧覆羽黑褐色，外缘黄绿色。虹膜褐色，喙深黄棕色且具偏黄色的嘴线，下喙基黄色，脚深色。

棕腹柳莺成鸟 2

棕腹柳莺成鸟 3

16 西南冠纹柳莺

拉丁名：*Phylloscopus reguloides*

英文名：Blyth's Leaf Warbler

分类地位：雀形目 > 柳莺科

巢：侧开口，内口径 2.5 ～ 4 cm，深 5.5 ～ 7 cm。营巢于土坎，巢由大量的苔藓和枯草纤维编织而成，内垫棉絮。窝卵数 3 ～ 5 枚。

卵：(13.4 ～ 16.2) mm×(11.4 ～ 12.1) mm，重 0.9 ～ 1.2 g，纯白色。

西南冠纹柳莺的巢和卵

雏鸟：刚出壳的绒羽期雏鸟头背被灰色短绒毛，喙基部黄色；针羽期针羽灰黑色。

西南冠纹柳莺针羽期雏鸟

相似种及区分：巢和卵与比氏鹟莺（*Seicercus valentini*）和栗头鹟莺（*Seicercus castaniceps*）相似，三者的卵均为纯白色，但栗头鹟莺的巢几乎筑于塌陷的土坎内侧，巢周围几乎无植被且光线很暗，一般需要用手电筒才能看到。西南冠纹柳莺和比氏鹟莺的巢无论材料和生境都极为相似，均筑于土坎土坡斜面，且周围一般有茂密的植被，可通过观察孵卵的成鸟来确定这两者的种类。

成鸟：9.5 ～ 11.7 cm，上体橄榄绿色，头顶呈灰褐色，眉纹及顶纹艳黄色，翅上具两道淡黄绿色翼斑，下体白色微沾灰色。

西南冠纹柳莺成鸟

17 比 氏 鹟 莺

拉丁名：*Seicercus valentini*

英文名：Bianchi's Warbler

分类地位：雀形目 > 柳莺科

比氏鹟莺的巢和卵

巢：侧开口，内口径 2～5 cm，深 4.5～
8 cm。营巢于具植被覆盖的土坎土坡，
极少情况筑于灌丛、草丛。巢材主要
为苔藓、枯草和枯草纤维，巢内有时
垫棉絮。窝卵数 3～5 枚。

卵：(14.8～16.9) mm×(11.6～12.5) mm，
重 1.0～1.3 g，纯白色。

雏鸟：刚出壳的绒羽期雏鸟头背被灰色绒毛，喙基部黄色；针羽期针羽灰黑色；正羽期
针羽羽鞘破开露出黄绿色和褐色羽毛；齐羽期背部和翅膀为褐色羽带黄绿色羽缘，喉胸
腹部黄色，头顶开始显现类似成鸟的绿色和灰黑色顶冠纹。

比氏鹟莺绒羽期雏鸟

比氏鹟莺针羽期雏鸟

比氏鹟莺正羽期雏鸟　　　　　　　　　　　　　　比氏鹟莺齐羽期雏鸟

相似种及区分：巢和卵与栗头鹟莺（*S. castaniceps*）和西南冠纹柳莺（*Phylloscopus reguloides*）相似，三者的卵均为纯白色，但栗头鹟莺的巢几乎筑于塌陷的土坎内侧，巢周围几乎无植被且光线很暗，一般需要用手电筒等照明工具才能看到。西南冠纹柳莺和比氏鹟莺的巢无论材料和生境都极为相似，均筑于土坎土坡斜面，且周围一般有茂密的植被，可通过观察孵卵的成鸟来确定种类。

成鸟：11 ～ 12 cm，具宽阔的绿灰色顶纹，其两侧缘接黑色眉纹，下体黄，外侧尾羽的内翈白色，眼圈黄色。虹膜褐色，上喙黑，下喙色浅，脚偏黄。

比氏鹟莺成鸟

18 白腰文鸟

拉丁名：*Lonchura striata*
英文名：White-rumped Munia
分类地位：雀形目 > 梅花雀科

巢：侧开口，内口径 4 ～ 5.5 cm，深 10 ～ 14 cm。营巢于杉树等乔木，少数于灌丛。巢由大量的芒絮编织而成，巢材多而显得巢大，但巢口小。窝卵数 4 ～ 6 枚。

卵：(15.0 ～ 16.7) mm×(10.4 ～ 11.4) mm，重 0.7 ～ 1.1 g，纯白色无斑。

白腰文鸟的巢和卵

雏鸟：刚出壳的绒羽期雏鸟几乎无绒毛，喙基部白色，进食后的雏鸟在颈部可见明显膨胀的嗉囊；针羽期针羽灰黑色。

白腰文鸟绒羽期雏鸟

白腰文鸟针羽期雏鸟

相似种及区分: 本种特征明显,为大量芒絮筑的侧开口巢,卵小纯白色,无容易混淆的相似种类。

成鸟: 9.9~12.8 cm,雌雄羽色相似,上体深褐,具尖形的黑色尾,腰白,腹部皮黄白色,背上有白色纵纹,下体具细小的皮黄色鳞状斑及细纹。亚成鸟色较淡,腰皮黄色。虹膜红褐或淡红褐色,上喙黑色,下喙蓝灰色,脚蓝褐或深灰色。

白腰文鸟成鸟

19　强脚树莺

拉丁名：*Horornis fortipes*

英文名：Brownish-flanked Bush Warbler

分类地位：雀形目 > 树莺科

强脚树莺的巢和卵

巢：侧开口，内口径 3 ～ 7 cm，深 3 ～ 8 cm。营巢于茶地、灌丛和草丛。巢材为枯草或竹叶加细枝和枯草纤维，巢内垫羽毛。窝卵数 3 ～ 4 枚。

卵：(16.0 ～ 18.1) mm×(12.6 ～ 13.8) mm，重 0.9 ～ 1.9 g，棕色至棕红色，有时钝端颜色较深，呈棕黑色。

雏鸟：刚出壳的绒羽期雏鸟头被灰黑色长绒毛，喙基部浅黄色；针羽期针羽灰黑色；正羽期针羽羽鞘破开露出棕褐色羽毛；齐羽期背部和翅膀羽毛棕褐色，胸腹部皮黄色。

刚出壳的强脚树莺绒羽期雏鸟　　　　　　强脚树莺针羽期雏鸟

刚进入齐羽期的强脚树莺雏鸟

相似种及区分：巢生境与棕腹柳莺（*Phylloscopus subaffinis*）重叠，同为侧开口并内垫羽毛，但巢材和卵色与棕腹柳莺不同，巢材为枯草或竹叶，卵棕红色；棕腹柳莺巢以细的枯枝和草编织，卵纯白色。刚出壳的强脚树莺雏鸟绒毛为灰黑色且长于棕腹柳莺的灰色短绒毛，齐羽期两者雏鸟羽色很相似，但棕腹柳莺雏鸟可见不明显皮黄色眉纹，强脚树莺刚进入齐羽期雏鸟头上还具有明显的长绒毛。另外，红头穗鹛（*Cyanoderma ruficeps*）也营侧开口巢于相似生境，巢材也为竹叶或枯草，但巢内无羽毛垫底，卵为白色带有浅棕色斑点，有时斑点极少。

成鸟：11～12.5 cm，暗褐色树莺，具形长的皮黄色眉纹，下体偏白而染褐黄，尤其是胸侧、两胁及尾下覆羽。虹膜褐色，上喙深褐色，下喙基色浅，脚肉棕色。

强脚树莺成鸟

20 小鳞胸鹪鹛

拉丁名：*Pnoepyga pusilla*
英文名：Pygmy Wren Babbler
分类地位：雀形目 > 鳞胸鹪鹛科

巢：侧开口，内口径约 7 cm，深约 7 cm。营巢于有苔藓等植被覆盖的石壁。巢材为苔藓。窝卵数 4 枚左右。

小鳞胸鹪鹛的巢

卵：(18.1 ～ 18.8) mm×(12.9 ～ 13.8) mm，重 1.4 ～ 1.8 g，纯白色。

相似种及区分：巢生境和材料接近比
氏鹟莺（*Seicercus valentini*）和西南冠
纹柳莺（*Phylloscopus reguloides*），但
小鳞胸鹪鹛巢的苔藓松散，巢口不明
显，卵同为纯白色但明显大于比氏鹟
莺。另外，小鳞胸鹪鹛巢很罕见，繁
殖密度明显低于比氏鹟莺和西南冠纹
柳莺。

小鳞胸鹪鹛的卵

成鸟：7.5 ～ 9 cm，几乎无尾，
具醒目的扇贝形斑纹，有浅
色及茶黄色两种色型，上体
的点斑区仅限于下背及覆羽，
头顶无点斑。虹膜深褐，喙
黑色，脚粉红。

小鳞胸鹪鹛成鸟

21　棕颈钩嘴鹛

拉丁名：*Pomatorhinus ruficollis*
英文名：Streak-breasted Scimitar Babbler
分类地位：雀形目 > 林鹛科

巢：侧开口，内口径 6～7 cm，深 7～12 cm。营巢于土坎土坡和草丛。巢材为树叶、枯草、枯草细丝和枯草纤维。窝卵数 3～5 枚。

卵：(21.5～28.7) mm×(16.9～20.0) mm，重 3.0～6.0 g，纯白色。

棕颈钩嘴鹛的巢和卵

棕颈钩嘴鹛针羽期雏鸟

雏鸟：刚出壳的绒羽期雏鸟头背被灰色长绒毛，喙基部黄色；针羽期针羽灰黑色；正羽期针羽羽鞘破开露出棕色羽毛；齐羽期背部、翅膀和头顶羽毛棕色，脸部和胸部两侧棕色，喉和腹部白色。

相似种及区分：巢和卵均与斑胸钩嘴鹛
（*Erythrogenys gravivox*）相似，区别在
于棕颈钩嘴鹛巢材常较复杂，巢和卵比
斑胸钩嘴鹛略小。

棕颈钩嘴鹛齐羽期雏鸟

成鸟：15.8 ～ 18 cm，褐色钩嘴鹛，喙细
长而向下弯曲，具白色的长眉纹和黑色
贯眼纹，眼先黑色，喉白，胸具纵纹，
上体橄榄褐色至栗棕色，后颈栗红色，
下体橄榄褐色。

棕颈钩嘴鹛成鸟 1

棕颈钩嘴鹛成鸟 2

22 斑胸钩嘴鹛

拉丁名：*Erythrogenys gravivox*
英文名：Black-streaked Scimitar Babbler
分类地位：雀形目 > 林鹛科

巢：侧开口，内口径 7 ～ 8 cm，深 8 ～ 10 cm。营巢于草丛和土坎土坡。巢材为枯草或芒絮加枯草细丝和枯草纤维。窝卵数 3 ～ 4 枚。

卵：(26.5 ～ 29.4) mm×(19.3 ～ 20.7) mm，重 5.3 ～ 6.6 g，纯白色。

斑胸钩嘴鹛的巢和卵

雏鸟：刚出壳的绒羽期雏鸟头背被灰黑色长绒毛，喙基部浅黄色；针羽期针羽灰黑色；
正羽期针羽羽鞘破开露出棕色羽毛。

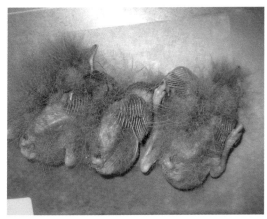

斑胸钩嘴鹛针羽期雏鸟

斑胸钩嘴鹛正羽期雏鸟

相似种及区分：巢和卵均与棕颈
钩嘴鹛（*Pomatorhinus ruficollis*）
相似，区别在于斑胸钩嘴鹛的巢
材常较为单一，巢口和卵较大。

成鸟：21 ～ 25 cm，喙尖长且下
弯，胸部有黑色斑点纵纹，无浅
色眉纹，脸颊棕色。虹膜黄至栗
色，喙灰至褐色，脚肉褐色。

斑胸钩嘴鹛成鸟

23　金胸雀鹛

拉丁名：*Lioparus chrysotis*
英文名：Golden-breasted Fulvetta
分类地位：雀形目 > 莺鹛科

金胸雀鹛的巢和卵

巢：杯状正开口，内口径 3.5 ～ 5 cm，深 3 ～ 4 cm。营巢于竹林。巢材为竹叶或枯草加枯草纤维，巢内垫黑丝，有时还垫有羽毛。窝卵数 2 ～ 4 枚。

卵：(14.8 ～ 16.9) mm×(11.8 ～ 12.4) mm，重 1.1 ～ 1.2 g，白色底布棕褐色细斑点，钝端较密集。

雏鸟：刚出壳的绒羽期雏鸟头被灰色短绒毛，喙基部浅黄色；针羽期针羽灰黑色；齐羽期羽色与成鸟接近，头部羽毛黑色，头顶具白色中央顶纹，翅膀具黄色条纹，腹部黄色。

金胸雀鹛绒羽期雏鸟

刚进入针羽期的金胸雀鹛雏鸟

相似种及区分：此种较为特殊，容易鉴别。巢的生境、结构和材料均与红嘴相思鸟（*Leiothrix lutea*）类似，但巢明显小，如同缩小版的红嘴相思鸟巢。

成鸟：10～11.5 cm，脸部具特征性图纹，下体黄色，喉色深，头偏黑，耳羽灰白，白色的顶纹延伸至上背，上体橄榄灰色，两翼及尾近黑，飞羽及尾羽有黄色羽缘。虹膜淡褐色，喙灰蓝，脚偏粉色。

金胸雀鹛齐羽期雏鸟

金胸雀鹛成鸟

24　绿背山雀

拉丁名：*Parus monticolus*
英文名：Green-backed Tit
分类地位：雀形目 > 山雀科

绿背山雀的巢和卵

巢：杯状正开口，内口径 6 cm 左右。营巢于墙洞、石洞、土洞和人工巢箱。巢由大量苔藓、棉絮和兽毛编织而成。窝卵数 5 ～ 10 枚。

卵：(15.1 ～ 17.7) mm×(11.9 ～ 13.3) mm，重 1.0 ～ 1.6 g，白色底布红棕色斑点。

雏鸟：刚出壳的绒羽期雏鸟头背被灰色短绒毛，喙基部黄色；针羽期针羽灰黑色，后期末端浅黄色；正羽期针羽羽鞘破开露出浅黄色和灰黑色相间羽毛；齐羽期背部羽毛深绿色，翅膀灰黑色带浅黄色至白色羽缘，尾部中央黑色两边白色，头部黑色，后颈部有近白色条带，脸颊白色，胸腹部黄色。

绿背山雀绒羽期雏鸟

绿背山雀针羽期雏鸟

绿背山雀正羽期雏鸟

绿背山雀齐羽期雏鸟

相似种及区分:本种的巢和卵与大山雀（*P. cinereus*）很相似,观察亲鸟是区分两者最可靠的标准。另外,人工巢箱中绿背山雀的巢很常见,而大山雀的巢少见。对比大山雀,正羽期和齐羽期绿背山雀的雏鸟具有明显的黄色胸腹部。

成鸟:10.8～14.0 cm,似大山雀,但腹部黄色,上背绿色且具两道白色翼纹。虹膜褐色,喙黑色,脚青石灰色。

绿背山雀成鸟

25 大山雀

拉丁名：*Parus cinereus*
英文名：Cinereous Tit
分类地位：雀形目 > 山雀科

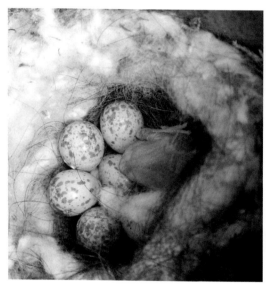
大山雀的巢和卵

大山雀的卵和正羽期雏鸟

巢：杯状正开口，内口径 5.5 ～ 7.5 cm。营巢于石洞、土洞、墙洞和人工巢箱。巢由大量苔藓、棉絮和兽毛编织而成。窝卵数 5 ～ 9 枚。

卵：(16.0 ～ 17.9) mm×(12.5 ～ 14.0) mm，重 1.2 ～ 1.7 g，白色底布棕色斑点。

雏鸟：刚出壳的绒羽期雏鸟头背被灰色短绒毛，喙基部浅黄色；针羽期针羽灰黑色；正羽期针羽羽鞘破开露出近黑色羽毛；齐羽期背部羽毛深绿色，头部黑色，后颈部有近白色条带，脸颊白色，翅膀和尾部羽毛近黑色带白色羽缘。

相似种及区分：本种的巢和卵与绿背山雀（*P. monticolus*）很相似，观察亲鸟是区分两者最可靠的方法。另外，人工巢箱中绿背山雀的巢很常见，而大山雀的巢少见。对比大山雀，正羽期和齐羽期的绿背山雀雏鸟具有明显的黄色胸腹部。

大山雀齐羽期雏鸟

成鸟：11.6 ～ 15.3 cm，头及喉辉黑，与脸侧白斑及颈背块斑形成对比，翼上具一道醒目的白色条纹，一道黑色带沿胸中央而下，雄鸟胸带较雌鸟宽。

大山雀成鸟

26 钝翅苇莺

拉丁名：*Acrocephalus concinens*
英文名：Blunt-winged Warbler
分类地位：雀形目 > 苇莺科

巢：杯状正开口，内口径 3.5 ～ 5.5 cm，深 3 ～ 5 cm。营巢于草丛、茶地和灌丛。巢材为少量苔藓、枯草、芒絮和枯草纤维。窝卵数 2 ～ 4 枚。

卵：(16.1 ～ 17.8) mm×(12.4 ～ 13.4) mm，重 1.2 ～ 1.7 g，白色底布橄榄褐色斑点，钝端较密集。

钝翅苇莺的巢和卵

雏鸟：刚出壳的绒羽期雏鸟光秃无绒毛，喙基部浅黄色；针羽期针羽灰黑色；正羽期针羽羽鞘破开露出棕色羽毛；齐羽期身体羽毛棕色。

钝翅苇莺绒羽期雏鸟

钝翅苇莺针羽期雏鸟

钝翅苇莺正羽期雏鸟

接近齐羽期的钝翅苇莺雏鸟

相似种及区分：巢大小和结构与灰喉鸦雀（*Sinosuthora alphonsiana*）相似，但卵色相差很大，钝翅苇莺为白色带橄榄褐色斑点，灰喉鸦雀为白色至青蓝色纯色卵。两者绒羽期雏鸟均光秃无毛，但喙的形态不同，灰喉鸦雀的喙为鹦嘴状。

成鸟：13～14 cm，单调棕褐色无纵纹的苇莺，两翼短圆，白色的短眉纹几不及眼后，上体深橄榄褐色，腰及尾上覆羽棕色，具深褐色的过眼纹但眉纹上无深色条带，下体白，胸侧、两胁及尾下覆羽沾皮黄。虹膜褐色，上喙色深，下喙色浅，脚偏粉色。

27 金 翅 雀

拉丁名：*Chloris sinica*
英文名：Grey-capped Greenfinch
分类地位：雀形目 > 燕雀科

金翅雀的巢和卵

巢：杯状正开口，内口径 4 ～ 5 cm，深 3 ～ 6 cm。营巢于乔木（主要为杉树）和茶地。巢材为枯细枝、须根、枯草纤维和羽毛。窝卵数 3 ～ 4 枚。

卵：(16.5 ～ 18.0) mm×(13.1 ～ 14.6) mm，重 1.3 ～ 1.7 g，白色底缀少量褐色至黑色斑点。

雏鸟：刚出壳的绒羽期雏鸟头背被灰白色长绒毛，喙基部白色；针羽期针羽灰黑色；正羽期针羽羽鞘破开露出棕褐色羽毛，羽缘浅棕色；齐羽期背部羽毛棕褐色，羽缘浅棕色，翅膀黑色，胸腹部浅棕色带棕褐色纵纹。

金翅雀绒羽期雏鸟

金翅雀针羽期雏鸟

金翅雀正羽期雏鸟

金翅雀齐羽期雏鸟

相似种及区分：本种的巢特征明显，偏爱筑巢于杉树中，且靠近树干，卵白色带少量褐色至黑色斑点，无容易混淆的相似种类。

成鸟：12～14 cm，橄榄色和黄色的雀鸟，头具明显的斑纹，翅膀具金黄色斑块，虹膜深褐色，喙和脚粉红色。雌鸟似雄鸟但体色较暗且多纵纹。

金翅雀成鸟（雌性）

金翅雀成鸟（雄性）

28　棕褐短翅蝗莺

拉丁名：*Locustella luteoventris*
英文名：Brown Bush Warbler
分类地位：雀形目 > 蝗莺科

巢：杯状正开口，内口径 4 ～ 6 cm，深 3 ～ 6 cm。营巢于草丛、灌丛和茶地，巢材为枯草和枯草纤维。窝卵数 3 ～ 5 枚。

卵：(16.2 ～ 19.6) mm×(12.8 ～ 14.9) mm，重 1.2 ～ 2.1 g，白色底布紫红色或红褐色斑点。

棕褐短翅蝗莺的巢和卵

雏鸟：刚出壳的绒羽期雏鸟头背被灰色长绒毛，喙基部黄色；针羽期针羽灰黑色；正羽期针羽羽鞘破开露出棕色羽毛；齐羽期身体羽毛棕色。

相似种及区分：高山短翅蝗莺（*L. mandelli*）可能同域繁殖，而且其巢和卵可能高度相似，可于查巢时观察孵卵成鸟的特征，特别留意成鸟胸部是否有黑色纵纹，以确定种类。

棕褐短翅蝗莺绒羽期雏鸟

成鸟：13 ～ 14 cm，单调的褐色莺，下体、颏、喉及上胸白，脸侧、胸侧、腹部及尾下覆羽浓皮黄褐色，尾下覆羽羽端近白而看似有鳞状纹。虹膜褐色，上喙色深，下喙和脚粉红。

棕褐短翅蝗莺针羽期雏鸟

棕褐短翅蝗莺成鸟

29 栗耳凤鹛

拉丁名：*Yuhina castaniceps*
英文名：Striated Yuhina
分类地位：雀形目 > 绣眼鸟科

巢：小碗状正开口，内口径 5 ～ 6 cm，深 3 ～ 5 cm。营巢于土坎洞穴。巢材为树叶、苔藓和枯草纤维。窝卵数 5 枚左右。

卵：(17.8 ～ 18.9) mm×(12.9 ～ 14.8) mm，重 1.6 ～ 2.0 g，白色底布褐色斑点。

栗耳凤鹛的巢和卵

雏鸟：刚出壳的绒羽期雏鸟头背被明显的灰黑色绒毛，喙基部黄色；针羽期针羽灰黑色。

栗耳凤鹛绒羽期雏鸟　　　　　　　　　栗耳凤鹛针羽期雏鸟

相似种及区分：此种特征较明显，筑正开口巢于土坎洞穴中，卵白色带褐色斑点，容易鉴别。比氏鹟莺（*Seicercus valentini*）、西南冠纹柳莺（*Phylloscopus reguloides*）、铜蓝鹟（*Eumyias thalassinus*）也筑巢于相似的生境，但前两者营侧开口巢和产纯白色卵，后者巢明显较大，卵色也不同。

成鸟：12.2～13.7 cm，上体偏灰，下体近白，额、头顶至枕灰色，头顶有一短羽冠，眼先灰色，眉纹白色不甚明显，尾深褐灰，羽缘白色。

站于巢边缘的栗耳凤鹛成鸟

30 灰鹡鸰

拉丁名：*Motacilla cinerea*
英文名：Gray Wagtail
分类地位：雀形目 > 鹡鸰科

灰鹡鸰的巢和卵

巢：碗状正开口，内口径 6 ～ 7.5 cm，深 3 ～ 4 cm。营巢于土坎岩石缝隙、石洞和墙洞。巢材为枯草和枯草纤维，巢外有时裹苔藓，巢内层有时具有须根，内垫羽毛和兽毛。窝卵数 3 ～ 4 枚。

卵：(17.3 ～ 19.5) mm×(13.7 ～ 14.5) mm，重 1.4 ～ 1.9 g，皮黄灰色带不明显浅褐色细纹，有时在钝端形成晕带。

雏鸟：刚出壳的绒羽期雏鸟头背被灰白色长绒毛，喙基部黄色；针羽期针羽灰黑色；正羽期针羽羽鞘破开露出灰黑色带浅白色边缘羽毛；齐羽期头背部羽毛灰色，翅膀羽毛灰黑色带浅色羽缘，尾下的黄色覆羽开始显现。

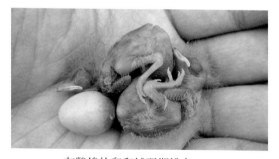

灰鹡鸰的卵和绒羽期雏鸟

灰鹡鸰绒羽期雏鸟

刚进入齐羽期的灰鹡鸰雏鸟

在巢中孵卵的灰鹡鸰成鸟

灰鹡鸰成鸟

相似种及区分： 灰鹡鸰巢的结构、材料和生境与白鹡鸰（*M. alba*）相似，区别在于白鹡鸰的卵为白色密布褐色斑点或细纹，而灰鹡鸰的卵为皮黄灰色带不明显浅褐色细纹，有时在钝端形成晕带。长出正羽的白鹡鸰和灰鹡鸰雏鸟都具有灰色头背，白色腹部和黑白相间的翅膀，但白鹡鸰具有明显的白色宽羽缘，而灰鹡鸰为不明显的浅色窄羽缘，且尾下覆羽开始显现黄色，白鹡鸰则无此特征。另外，筑巢于洞穴的灰林䳭（*Saxicola ferreus*）巢也与白鹡鸰和灰鹡鸰具有一定相似性，但其卵为蓝色。

成鸟： 17 ～ 19 cm，尾长的偏灰色鹡鸰，腰黄绿色，下体黄，上背灰色，飞行时白色翼斑和黄色腰显现。成鸟下体黄，亚成鸟偏白。虹膜褐色，喙黑褐色，脚粉灰色。

31 黄喉鹀

拉丁名：*Emberiza elegans*

英文名：Yellow-throated Bunting

分类地位：雀形目 > 鹀科

黄喉鹀的巢和卵

巢：小碗状正开口，内口径 5 ～ 7 cm，深 3 ～ 5 cm。营巢于土坎土坡和草丛，极少数位于茶地和乔木上。巢材为枯草和枯草纤维，巢内垫兽毛，兽毛常为白色，巢外有时有苔藓包裹，部分巢内层可见黑丝。窝卵数 2 ～ 5 枚。

卵：(17.4 ～ 19.9) mm×(13.5 ～ 15.6) mm，重 1.6 ～ 2.5 g，白色底布黑褐色至黑色斑点。

雏鸟：刚出壳的绒羽期雏鸟头背被灰色绒毛，喙基部黄色；针羽期针羽灰黑色；正羽期针羽羽鞘破开露出棕黄色和黑色相间的羽毛。

黄喉鹀绒羽期雏鸟   黄喉鹀针羽期雏鸟

相似种及区分：巢的生境和结构与灰眉岩鹀（*E. godlewskii*）和三道眉草鹀（*E. cioides*）很相似，但黄喉鹀的卵为白色带黑褐色至黑色斑点，而灰眉岩鹀和三道眉草鹀的卵斑具有明显的黑褐色至黑色的线。

刚进入针羽期的黄喉鹀雏鸟

黄喉鹀成鸟（雄性）

黄喉鹀成鸟（雌性）

成鸟：13.4～15.6 cm，腹白，头部图纹为明显的黑色及黄色，具短羽冠，虹膜深栗褐色，喙近黑色，脚浅灰褐色。雌鸟似雄鸟，但以褐色取代黑色，皮黄色取代黄色。

32 北红尾鸲

拉丁名：*Phoenicurus auroreus*
英文名：Daurian Redstart
分类地位：雀形目 > 鸫科

巢：小碗状正开口，内口径 5 ～ 8 cm。营巢于墙壁、石洞、屋檐和土坎。巢外层为苔藓、树皮或枯草，内层为兽毛（常为白色）和羽毛。窝卵数 2 ～ 6 枚。

卵：(18.8 ～ 19.2) mm×(14.2 ～ 14.7) mm，重 2.0 ～ 2.1 g，白色或淡蓝色底布红褐色斑点。

北红尾鸲的巢和卵

北红尾鸲淡蓝色型卵

北红尾鸲白色型卵

雏鸟：刚出壳的绒羽期雏鸟头背被灰色绒毛，喙基部白色；针羽期针羽灰黑色；正羽期针羽羽鞘破开露出黑色带棕色边缘羽毛；齐羽期头背部密布棕色斑点，翅膀黑色带棕色羽缘，尾部橙红色开始显现。

北红尾鸲正羽期雏鸟

接近齐羽期的北红尾鸲雏鸟

相似种及区分：本种巢的结构和生境与铜蓝鹟（*Eumyias thalassinus*）、灰林䳭（*Saxicola ferreus*）、白鹡鸰（*Motacilla alba*）和灰鹡鸰（*Motacilla cinerea*）相似，其中，灰林䳭的蓝色卵少数情况下具不明显棕色细纹，稍稍接近北红尾鸲的淡蓝色型卵，但北红尾鸲的卵红褐色斑点明显。其他种类的卵与北红尾鸲无相似之处。另外，北红尾鸲的巢内垫有羽毛，其他种类无此特征。

成鸟：12.7～15.9 cm，色彩艳丽的北红尾鸲，具明显而宽大的白色翼斑，虹膜褐色，喙黑色，脚黑色。雄鸟眼先、头侧、喉、上背及两翼黑褐，仅翼斑白色，头顶及颈背灰色而具银色边缘，体羽余部栗褐，中央尾羽深黑褐。雌鸟褐色，白色翼斑显著，眼圈及尾皮黄色似雄鸟，但色较黯淡。

北红尾鸲成鸟（雌性）

北红尾鸲成鸟（雄性）

33   灰眶雀鹛

拉丁名：*Alcippe morrisonia*

英文名：Grey-cheeked Fulvetta

分类地位：雀形目 > 幽鹛科

巢：杯状正开口，内口径 3.5～6 cm，深 3～5 cm，筑巢地点包括竹林、灌丛、杉树和茶地，少数位于草丛。巢由苔藓和枯草组成，内垫枯草纤维和兽毛。窝卵数 3～4 枚。

卵：(18.0～20.5) mm×(14.2～15.6) mm，重 1.7～2.6 g，具多种色型卵，有白色底密布红褐色至棕褐色细点，或者散步红棕色点和线，或者底部布深红褐色斑点。

灰眶雀鹛的巢和各种类型的卵

雏鸟：刚出壳的绒羽期雏鸟头背被灰色短绒毛，喙基部黄色；针羽期针羽灰黑色。

灰眶雀鹛绒羽期雏鸟　　　　　　　　　　灰眶雀鹛针羽期雏鸟

相似种及区分： 巢与红嘴相思鸟（*Leiothrix lutea*）相似，区别在于灰眶雀鹛巢外围苔藓明显较多，红嘴相思鸟偏好营巢于竹林，巢杯内常垫有黑丝。灰眶雀鹛卵的斑点和颜色变化较大，有的密布，有的散布，其红褐色斑点卵与红嘴相思鸟白色型带红褐色斑点卵较相似，区别在于灰眶雀鹛的红褐斑具有点和线，且点线往往带有红晕，而红嘴相思鸟的红褐色斑点具有类似血迹的特征，卵色斑纹较固定，且明显密集在钝端。灰眶雀鹛没有类似红嘴相思鸟的浅蓝色带红褐色斑点卵。

成鸟： 12.5～14 cm，额、头顶、枕、颊和耳羽颈侧灰褐色，背、腰为橄榄褐色，喉呈灰色，尾上覆羽逐渐变为棕褐色，眼先灰褐眼周灰白色。虹膜红色，喙灰色，脚偏粉色。

灰眶雀鹛成鸟

34　红尾水鸲

拉丁名：*Rhyacornis fuliginosa*

英文名：Plumbeous Water Redstart

分类地位：雀形目 > 鹟科

红尾水鸲的巢

巢：碗状正开口，内口径 4～6 cm，深 3～5 cm。营巢于溪流水边的土坎。巢由大量的苔藓和须根编织而成，巢内垫枯草纤维。窝卵数 3～4 枚。

卵：(18.6 ～ 20.0) mm×(14.2 ～ 15.2) mm，重 1.9～2.4 g，白色底布棕色斑点，钝端较密集。

雏鸟：刚出壳的绒羽期雏鸟头背被灰色绒毛，喙基部浅黄色；针羽期针羽灰黑色。

红尾水鸲的卵和绒羽期雏鸟

红尾水鸲针羽期雏鸟

相似种及区分：白额燕尾（*Enicurus lesc henaulti*）的营巢生境、巢材和卵与红尾水鸲均很相似，但白额燕尾的巢和卵明显大于红尾水鸲。

成鸟：11～14 cm，雄鸟通体大为暗灰蓝色，翅黑褐色，尾羽和尾上下覆羽均栗红色。雌鸟上体灰褐色，翅褐色，具两道白色点状斑，尾羽白色、端部及羽缘褐色，尾部上下覆羽纯白，下体灰色，杂以不规则的白色细斑。

红尾水鸲成鸟（雌性）

红尾水鸲成鸟 1（雄性）

红尾水鸲成鸟 2（雄性）

35 酒红朱雀

拉丁名：*Carpodacus vinaceus*
英文名：Vinaceous Rosefinch
分类地位：雀形目 > 燕雀科

巢：杯状正开口，内口径约 5 cm。营巢于茶地和灌丛。巢外层为苔藓、枯草和枯草细丝，内层为须根和羽毛。窝卵数 3 枚左右。

卵：(19.0 ~ 20.0) mm×(15.4 ~ 15.7) mm，重约 2.3 g，亮蓝色底布少量黑褐色斑点和线。

酒红朱雀的巢和卵

雏鸟：未知。

相似种及区分：本种特征明显，巢内层为须根和羽毛，卵亮蓝色带黑褐色斑点和线，无容易混淆的相似种类。

成鸟：13 ~ 16 cm，虹膜褐色，喙角质色，脚褐色。雄鸟全身深绯红色，腰色较淡，眉纹及三级飞羽羽端浅粉色。雌鸟橄榄褐色而具深色纵纹。

孵卵中的酒红朱雀成鸟（雌性）

酒红朱雀成鸟（雄性）

36 灰眉岩鹀

拉丁名：*Emberiza godlewskii*
英文名：Godlewski's Bunting
分类地位：雀形目 > 鹀科

巢：小碗状正开口，内口径 4～6 cm，深 3～4 cm。营巢于有植被覆盖的地面或土坡上。巢材为枯草、枯草纤维和兽毛，兽毛常为白色。窝卵数 2～5 枚。

卵：(18.9～21.9) mm×(14.3～15.9) mm，重 2.0～2.7 g，白色底布黑褐色至黑色的点和线。

灰眉岩鹀的巢和卵

雏鸟：刚出壳的绒羽期雏鸟头背被灰色长绒毛，喙基部黄色；针羽期针羽灰黑色；正羽期针羽羽鞘破开露出棕黄色和黑褐色相间的羽毛；齐羽期头背部羽毛为棕黄色和黑褐色相间形成纵纹，翅膀覆羽为黑褐色带棕黄色羽缘，飞羽为黑褐色，胸部棕黄色带黑褐色细纵纹。

灰眉岩鹀的卵和绒羽期雏鸟　　　　　　刚进入针羽期的灰眉岩鹀雏鸟

针羽期末期的灰眉岩鹀雏鸟　　　　刚进入齐羽期的灰眉岩鹀雏鸟

相似种及区分：巢的生境和结构与黄喉鹀（*E. elegans*）和三道眉草鹀（*E. cioides*）很相似，但灰眉岩鹀的卵为白色带黑褐色至黑色的点和线，而黄喉鹀的卵为白色带黑褐色至黑色斑点。三道眉草鹀的卵也具有线纹，与灰眉岩鹀相似，区别在于灰眉岩鹀具有点和线混合，而三道眉草鹀几乎为线，而且线纹很长，围绕卵形成许多颜色深浅不一的线圈。另外，三道眉草鹀的卵大于黄喉鹀和灰眉岩鹀，特别是卵长径，使得其卵看起来偏长。灰眉岩鹀卵色变异较大，部分卵也具有围绕卵的长线纹，但集中在顿端，且同时有点纹，三道眉草鹀的线纹多分布较均匀。

成鸟：约 17 cm，虹膜深褐色，喙蓝灰色，脚粉褐色。头部灰色带栗色侧冠纹，与三道眉草鹀的区别是顶冠纹灰色。雌鸟似雄鸟但色淡。

灰眉岩鹀成鸟

37 白领凤鹛

拉丁名：*Yuhina diademata*
英文名：White-collared Yuhina
分类地位：雀形目 > 绣眼鸟科

白领凤鹛的巢和卵

巢：小碗状正开口，内口径 4.5 ～ 8 cm，深 3 ～ 5 cm。营巢于灌丛、竹林、茶地和草丛。巢材为须根，有时外围有枯枝，而内层有时垫黑丝。窝卵数 2 ～ 4 枚。

卵：(18.1 ～ 22.8) mm×(14.6 ～ 16.2) mm，重 1.8 ～ 2.8 g，淡绿色底布橄榄褐色斑点。

雏鸟：刚出壳的绒羽期雏鸟头背被灰色绒毛，喙基部黄色；针羽期针羽灰黑色；正羽期针羽羽鞘破开露出棕褐色羽毛；齐羽期身体羽毛棕褐色，颈后和枕部出现类似成鸟的白色宽纹。

白领凤鹛绒羽期雏鸟

白领凤鹛针羽期雏鸟

白领凤鹛正羽期雏鸟　　　　　　　　　　白领凤鹛齐羽期雏鸟

相似种及区分：此种的巢较为特殊，巢材几乎为弯曲的须根以环状编织而成，有时巢外围有枯枝包裹，有时内垫黑丝，加上淡绿色底带橄榄褐色斑点的卵，容易鉴别。

成鸟：14.5 ～ 18.5 cm，烟褐色凤鹛，具蓬松的羽冠，颈后和枕部白色大斑块与白色宽眼圈及后眉线相接，额、鼻孔及眼先黑色，飞羽黑而羽缘近白，下腹部白色。

白领凤鹛成鸟

38 白 鹡 鸰

拉丁名：*Motacilla alba*
英文名：White Wagtail
分类地位：雀形目 > 鹡鸰科

白鹡鸰的巢和卵

巢：碗状正开口，内口径 6 ～ 7.5 cm，深 3 ～ 4 cm。营巢于土坎、墙洞、石洞和屋檐。巢外层为苔藓和枯草细丝，内层为枯草纤维和兽毛（常为白色），有时内层还有卷曲的须根。窝卵数 4 枚左右。

卵：(19.8 ～ 22.2) mm×(14.9 ～ 15.7) mm，重 2.4 ～ 2.8 g，白色底密布褐色斑点或细纹。

雏鸟：刚出壳的绒羽期雏鸟头背被灰色长绒毛，喙基部浅黄色；针羽期针羽灰黑色，后期针羽末端白色；正羽期针羽羽鞘破开露出白色和黑色相间羽毛；齐羽期头背部羽毛灰色，腹部白色，翅膀羽毛为黑色和白色。

白鹡鸰绒羽期雏鸟　　　　　　　白鹡鸰针羽期雏鸟

白鹡鸰正羽期雏鸟

接近齐羽期的白鹡鸰雏鸟

相似种及区分：白鹡鸰巢的结构、材料和生境与灰鹡鸰（*M. cinerea*）相似，区别在于，白鹡鸰的卵为白色密布褐色斑点或细纹，而灰鹡鸰的卵为皮黄灰色带不明显浅褐色细纹，有时在钝端形成晕带。长出正羽的白鹡鸰和灰鹡鸰雏鸟都具有灰色头背，白色腹部和黑白相间的翅膀，但白鹡鸰具有明显的白色宽羽缘，而灰鹡鸰为不明显的浅色窄羽缘，且尾下覆羽开始显现黄色，白鹡鸰无此特征。另外，筑巢于洞穴的灰林䳭（*Saxicola ferreus*）巢也与白鹡鸰和灰鹡鸰具有一定相似性，但其卵为蓝色。

成鸟：15.6～19.5 cm，上体灰色，下体白，两翼及尾黑白相间，额头顶前部和脸白色，头顶后部、枕和后颈黑色。背、肩黑色或灰色，飞羽黑色。翅上具明显的白色翼斑。尾长而窄，尾羽黑色，最外两对尾羽主要为白色。颏、喉白色或黑色，胸黑色，其余下体白色。虹膜黑褐色，喙及脚黑色。

白鹡鸰成鸟和已出巢的幼鸟

39 三道眉草鹀

拉丁名：*Emberiza cioides*

英文名：Meadow Bunting

分类地位：雀形目 > 鹀科

巢：小碗状正开口，内口径 6 ～ 6.5 cm，深 4 cm 左右。营巢于草丛、茶地和有植被覆盖的土坡上。巢材为枯草、枯草纤维和兽毛。窝卵数 3 ～ 4 枚。

卵：(19.9 ～ 22.6) mm×(14.5 ～ 15.8) mm，重 2.1 ～ 2.6 g，白色底布黑褐色至黑色的长线纹。

三道眉草鹀的巢和卵

雏鸟：刚出壳的绒羽期雏鸟头背被灰色长绒毛，喙基部浅黄色；针羽期针羽灰黑色。

三道眉草鹀针羽期雏鸟

相似种及区分: 巢的生境和结构与黄喉鹀(*E. elegans*)和灰眉岩鹀(*E. godlewskii*)很相似,但三道眉草鹀的卵为白色带黑褐色至黑色的长线纹,而黄喉鹀的卵为白色带黑褐色至黑色斑点。灰眉岩鹀的卵也具有线纹,与三道眉草鹀相似,区别在于灰眉岩鹀具有点和线混合,而三道眉草鹀几乎为线,而且线纹很长,围绕卵形成许多颜色深浅不一的线圈。另外,三道眉草鹀的卵大于黄喉鹀和灰眉岩鹀,特别是卵长径,使得其卵看起来偏长。灰眉岩鹀卵色变异较大,部分卵也具有围绕卵的长线纹,但集中在顿端,且同时有点纹,三道眉草鹀的线纹多分布较均匀。

成鸟: 14.4 ～ 17 cm,雄鸟脸部有别致的褐色及黑白色图纹,胸栗色,腰棕色。雌鸟色较淡,眉线及下颊纹皮黄,胸浓皮黄色。

三道眉草鹀成鸟

40 灰背燕尾

拉丁名：*Enicurus schistaceus*
英文名：Slaty-backed Forktail
分类地位：雀形目 > 鸫科

巢：碗状正开口，内口径约 7 cm，深约 4 cm。营巢于溪流水边的土坎和石壁。巢外层为大量苔藓，内层为须根和枯草纤维。窝卵数 4 枚左右。

卵：(20.6 ～ 22.0) mm×(16.2 ～ 16.8) mm，重 2.6 ～ 2.7 g，白色底布棕色斑点。

灰背燕尾的巢和卵

雏鸟：刚出壳的绒羽期雏鸟头背被灰色绒毛，喙基部浅黄色；针羽期针羽灰黑色。

相似种及区分：灰背燕尾无论在巢的结构、材料和生境，还是卵色上，都与白额燕尾（*E. leschenaulti*）和红尾水鸲（*Rhyacornis fuliginosa*）相似，区别在于，红尾水鸲主要在塌陷的土坎内侧筑巢，而两种燕尾在溪流水边的土坎和石壁上营巢，三者中白额燕尾的卵最大，红尾水鸲的卵最小，灰背燕尾的卵居中，可通过观察成鸟和测量卵的大小来确认种类。另外，三者的巢均不常见，其中又以灰背燕尾的巢最为罕见。

灰背燕尾绒羽期雏鸟

成鸟：20.6～23.5 cm，额基、眼先、颊和颈侧黑色，前额至眼圈上方白色，头顶至背蓝灰色，腰和尾上覆羽白色，飞羽黑色，具明显的白色翼斑，尾羽梯形成叉状，呈黑色，其基部和端部均白，最外侧两对尾羽纯白，额至上喉黑色，下体余部纯白。

灰背燕尾成鸟

41　黄臀鹎

拉丁名：*Pycnonotus xanthorrhous*
英文名：Brown-breasted Bulbul
分类地位：雀形目 > 鹎科

黄臀鹎的巢和卵

巢：碗状正开口，内口径 4.5 ～ 8 cm，深 3 ～ 6 cm。营巢于灌丛、茶地和草丛，少数在乔木。巢外层为细枝和枯草或枯竹叶，内层为芒絮，巢外底部常有塑料膜或尼龙布包裹。窝卵数 2 ～ 4 枚。

卵：(19.5 ～ 23.5) mm×(14.5 ～ 17.1) mm，重 2.1 ～ 3.8 g，粉色底布紫色斑点。

雏鸟：刚出壳的绒羽期雏鸟光秃无绒毛，喙基部白色；针羽期针羽灰黑色；正羽期针羽羽鞘破开露出褐色羽毛；齐羽期身体羽毛褐色，头顶黑色。

黄臀鹎针羽期雏鸟　　　　　　　　　　　黄臀鹎绒羽期雏鸟

相似种及区分：黄臀鹎巢的结构、材料、生境及卵色与领雀嘴鹎（*Spizixos semitorques*）相似，区别在于，黄臀鹎的巢明显较领雀嘴鹎密实，且巢外底部常有塑料膜或尼龙布；领雀嘴鹎的巢可以明显看到巢材之间的空隙，巢材也少，巢内层常有松针。黄臀鹎的卵色变异较领雀嘴鹎小，为粉色底布紫色斑点，领雀嘴鹎的卵色可以同为粉色底布紫色斑点，或粉色底布红色斑点。黄臀鹎的卵较小偏圆，领雀嘴鹎的卵较大偏长。另外，绿翅短脚鹎（*Ixos mcclellandii*）也产相似颜色斑点的卵，但明显大于黄臀鹎和领雀嘴鹎，巢的差异也明显，利用蜘蛛丝将枯草和树叶简单编织于枝丫处，内垫松针和黑丝，卵大但巢看起来很单薄。黄臀鹎和领雀嘴鹎的巢很常见，而绿翅短脚鹎的巢很罕见。

黄臀鹎正羽期雏鸟

刚进入齐羽期的黄臀鹎雏鸟

成鸟：约 20 cm，灰褐色鹎，顶冠及颈背黑色，耳羽褐色，胸带灰褐，耳羽褐色，尾下覆羽黄色。虹膜褐色，喙和脚黑色。

黄臀鹎成鸟

黄臀鹎齐羽期雏鸟

42　鹊鸲

拉丁名：*Copsychus saularis*
英文名：Oriental Magpie Robin
分类地位：雀形目 > 鸫科

巢：碗状正开口，内口径 6.2 ～ 8.0 cm。营巢于石洞和电表箱。巢材为枯草和枯草纤维，有时内垫黑丝和兽毛。窝卵数 2 ～ 5 枚。

卵：(20.4 ～ 23.0) mm×(16.1 ～ 17.4) mm，浅绿色底密布暗茶褐色斑点。

鹊鸲的巢和卵

雏鸟：刚出壳的绒羽期雏鸟光秃无绒毛，喙基部浅黄色；针羽期针羽灰黑色；正羽期针羽羽鞘破开露出黑色和白色羽毛；齐羽期头背部羽毛黑色，翅膀具有类似成鸟的长条白纹。

鹊鸲的卵和绒羽期雏鸟

鹊鸲正羽期雏鸟

相似种及区分：无容易混淆的相似种类。

成鸟：17.8 ～ 22.7 cm，黑白色鸲，虹膜褐色，喙和脚黑色。雄鸟头、胸及背闪辉蓝黑色，两翼及中央尾羽黑，外侧尾羽及覆羽上的条纹白色，腹及臀白色。雌鸟似雄鸟，但以暗灰色取代黑色。

鹊鸲齐羽期雏鸟

鹊鸲成鸟（雄鸟）

43　红嘴相思鸟

拉丁名：*Leiothrix lutea*
英文名：Red-billed Leiothrix
分类地位：雀形目 > 噪鹛科

红嘴相思鸟巢和白色型卵

巢：杯状正开口，内口径 4～8 cm，深 3～8 cm。营巢于竹林、茶地和灌丛，极少数于草丛和乔木。巢外层为少量苔藓加竹叶或枯草，内层为枯草纤维，常垫有黑丝。窝卵数 2～4 枚。

卵：(19.4～24.4) mm×(14.1～17.0) mm，重 1.9～3.7 g，具白色和浅蓝色型卵，均布红褐色斑点，且主要集中在钝端。

雏鸟：刚出壳的绒羽期雏鸟头背被灰色绒毛，喙基部浅黄色；针羽期针羽灰黑色，喙尖开始有红色显现；正羽期针羽羽鞘破开露出绿色羽毛；齐羽期背部和头部绿色，胸部至腹部为黄绿色至黄色，翅膀带有类似成鸟的亮黄色羽缘，喙尖红色明显。

红嘴相思鸟巢和浅蓝色型卵

红嘴相思鸟绒羽期雏鸟

红嘴相思鸟针羽期雏鸟

刚进入正羽期的红嘴相思鸟

红嘴相思鸟正羽期雏鸟

红嘴相思鸟齐羽期雏鸟

红嘴相思鸟成鸟

相似种及区分：巢与灰眶雀鹛（*Alcippe morrisonia*）相似，区别在于红嘴相思鸟偏好营巢于竹林，巢杯内常垫有黑丝，而灰眶雀鹛巢外围常有许多苔藓包裹。红嘴相思有两种色型卵，灰眶雀鹛卵的斑点和颜色变化更大，有的密布，有的散布，其红褐色斑点卵与红嘴相思鸟的白色型带红褐色斑点卵较相似，区别在于灰眶雀鹛的红褐斑具有点和线，且点线常带有红晕，而红嘴相思鸟的红褐色斑点具有类似血迹的特征，卵色斑纹较固定，且明显密集在钝端。灰眶雀鹛没有类似红嘴相思的浅蓝色型卵。

成鸟：12.7 ～ 15.4 cm，具显眼的红色喙，上体橄榄绿，眼周有黄色块斑，下体橙黄，尾近黑而略分叉，翼略黑，红色和黄色的羽缘在歇息时成明显的翼纹。虹膜褐色，脚粉红。

44 棕腹大仙鹟

拉丁名：*Niltava davidi*

英文名：Fujian Niltava

分类地位：雀形目 > 鹟科

巢：碗状正开口，内口径约 7 cm。营巢于塌陷的土坎内侧。巢材为苔藓。窝卵数 4 枚左右。

卵：(21.8 ～ 22.4) mm×(16.8 ～ 17.0) mm，重 3.3 ～ 3.4 g，皮黄色底布浅棕褐色斑点。

棕腹大仙鹟的巢和卵（本巢在雏鸟飞出后拍摄）

雏鸟：刚出壳的绒羽期雏鸟头背被黑色长绒毛，喙基部黄色；针羽期针羽灰黑色；正羽期针羽羽鞘破开露出棕色羽毛。

棕腹大仙鹟绒羽期雏鸟

棕腹大仙鹟针羽期末期雏鸟

相似种及区分：本种巢的结构、材料、生境和卵色与铜蓝鹟（*Eumyias thalassinus*）、白额燕尾（*Enicurus leschenaulti*）、灰背燕尾（*Enicurus schistaceus*）和红尾水鸲（*Rhyacornis fuliginosa*）相似。区别在于，棕腹大仙鹟巢材较单一，一般只有苔藓构成，卵小于白额燕尾但明显大于其他相似种类，铜蓝鹟、红尾水鸲和棕腹大仙鹟均在塌陷土坎内侧筑巢，而两种燕尾在靠近水边土坎筑巢。另外，相比铜蓝鹟，棕腹大仙鹟的巢很罕见。

成鸟：约 18 cm，色彩亮丽的鹟，虹膜褐色，喙和脚黑色。雄鸟上体深蓝，下体棕色，脸黑，额、颈侧小块斑、翼角及腰部为亮丽闪辉蓝色。雌鸟灰褐色，尾及两翼棕褐，喉上具白色项纹，颈侧具辉蓝色小块斑。

棕腹大仙鹟成鸟（雌性）

棕腹大仙鹟成鸟（雄性）

45　　黑　卷　尾

拉丁名：*Dicrurus macrocercus*
英文名：Black Drongo
分类地位：雀形目 > 卷尾科

巢：碗状正开口，内口径 9 cm
左右。营巢于乔木枝丫处。巢材
为枯草秆、枯草纤维、植物纤维、
细麻纤维和棉花纤维交织。窝卵
数 4 枚左右。

卵：约 24 mm×19 mm，乳白色
底布少量褐色斑点。

黑卷尾的巢和卵

雏鸟：刚出壳的绒羽期雏鸟头背被暗褐色绒毛。

相似种及区分：无容易混淆的相似种类。

成鸟：23.5～30 cm，蓝黑色而具辉光的卷尾，喙小，嘴角具白点，尾长而叉深。虹膜红色，喙及脚黑色。

黑卷尾成鸟

46　领雀嘴鹎

拉丁名：*Spizixos semitorques*
英文名：Collared Finchbill
分类地位：雀形目 > 鹎科

巢：碗状正开口，内口径 6～8 cm，深 3～5.5 cm。营巢于灌丛、茶地和乔木。巢材为细枝、枯草、枯竹叶和芒絮，内垫常有松针或黑丝。窝卵数 2～4 枚，但 4 枚极少。

卵：(21.6～26.8) mm×(16.2～18.9) mm，重 2.8～4.5 g，粉色底布红色至紫色斑点。

领雀嘴鹎的巢和卵

雏鸟：刚出壳的绒羽期雏鸟光秃无绒毛，喙基部白色；针羽期针羽灰黑色；正羽期针羽羽鞘破开露出深绿色羽毛；齐羽期通体羽毛绿色至深绿色。

领雀嘴鹎绒羽期雏鸟

领雀嘴鹎针羽期雏鸟

领雀嘴鹎正羽期雏鸟

接近齐羽期的领雀嘴鹎雏鸟

相似种及区分: 领雀嘴鹎巢的结构、材料、生境及卵色与黄臀鹎（*Pycnonotus xanthorrhous*）相似，区别在于，黄臀鹎的巢明显较领雀嘴鹎密实，且巢外底部常有塑料膜或尼龙布；领雀嘴鹎的巢可以明显看到巢材之间的空隙，巢材也少，巢内层常具有松针。黄臀鹎的卵色变异较领雀嘴鹎小，为粉色底布紫色斑点，而领雀嘴鹎的卵色可以同为粉色底布紫色斑点，或粉色底布红色斑点。黄臀鹎的卵较小偏圆，领雀嘴鹎的卵较大偏长。另外，绿翅短脚鹎（*Ixos mcclellandii*）也产相似颜色斑点的卵，但明显大于黄臀鹎和领雀嘴鹎，巢差异也明显，利用蜘蛛丝将枯草和树叶简单编织于枝丫处，内垫松针和黑丝，卵大但巢却看起来很单薄。黄臀鹎和领雀嘴鹎的巢很常见，而绿翅短脚鹎的巢很罕见。

成鸟: 21 ～ 23 cm，偏绿色的鹎，厚重的喙象牙色，具短羽冠，颈背灰色，喉和胸部之间具白色纹，脸颊具白色细纹，尾绿而尾端黑。虹膜褐色，喙浅黄色，脚偏粉色。

领雀嘴鹎成鸟

47   白额燕尾

拉丁名：*Enicurus leschenaulti*
英文名：White-crowned Forktail
分类地位：雀形目 > 鹟科

巢：碗状正开口，内口径 7 ～ 9 cm，深 4 ～ 8 cm。营巢于溪流水边的土坎和石壁，少数位于草丛。巢由大量苔藓和须根编织而成，巢内层有时为枯草纤维。窝卵数 2 ～ 5 枚。

卵：(22.2 ～ 26.9) mm×(16.9 ～ 19.2) mm，重 3.0 ～ 4.3 g，白色底布棕色斑点。

白额燕尾的巢和卵

雏鸟：刚出壳的绒羽期雏鸟头背被灰色绒毛，喙基部浅黄色；针羽期针羽灰黑色；正羽期针羽羽鞘破开露出灰黑色羽毛；齐羽期身体羽毛主要为灰黑色，略带棕褐色斑点。

白额燕尾绒羽期雏鸟

刚进入正羽期的白额燕尾雏鸟

接近齐羽期的白额燕尾雏鸟

在巢中孵卵的白额燕尾成鸟

相似种及区分：白额燕尾无论在巢的结构、材料和生境，还是卵色上，都与灰背燕尾（*E. schistaceus*）和红尾水鸲（*Rhyacornis fuliginosa*）相似，区别在于，红尾水鸲主要在塌陷的土坎内侧筑巢，而两种燕尾在溪流水边的土坎和石壁上营巢，三者中白额燕尾的卵最大，红尾水鸲的卵最小，灰背燕尾的卵居中，可通过观察成鸟和测量卵的大小来确认种类。另外，三者的巢均不常见，其中又以灰背燕尾的巢最为罕见。

成鸟：25 ～ 28 cm，黑白色燕尾，前额和顶冠白，有时耸起成小凤头状，头余部、颈背及胸黑色，腹部、下背及腰白，两翼和尾黑色，尾叉甚长而羽端白色，两枚最外侧尾羽全白。虹膜褐色，喙黑色，脚偏粉色。

48 绿翅短脚鹎

拉丁名：*Ixos mcclellandii*
英文名：Mountain Bulbul
分类地位：雀形目 > 鹎科

巢：碗状正开口，内口径 5～7 cm，深 3～4 cm。营巢于灌丛枝丫处。以蜘蛛丝将枯草和树叶简单编织在枝丫处，内垫松针和黑丝。窝卵数 2～3 枚。

卵：(23.9～25.4) mm×(17.0～18.5) mm，重 3.6～4.3 g，白色底布红褐色斑点。

绿翅短脚鹎的巢和卵

雏鸟：未知。

相似种及区分：绿翅短脚鹎的卵色与黄臀鹎（*Pycnonotus xanthorrhous*）和领雀嘴鹎（*Spizixos semitorques*）相似，但黄臀鹎和领雀嘴鹎的巢很常见，而绿翅短脚鹎的巢很罕见，且卵明显大于另外两种鹎。其巢也与另外两种鹎差别大，为蜘蛛丝将枯草和树叶简单编织在枝丫处，内垫松针和黑丝；黄臀鹎巢外层为细枝和枯草或枯竹叶，内层为芒絮，巢外底部常有塑料膜或尼龙布；领雀嘴鹎的巢材为细枝、枯草、枯竹叶和芒絮，内垫常有松针或黑丝。

成鸟：21 ～ 24 cm，羽冠短而尖，颈背及上胸棕色，喉偏白且具纵纹，头顶深褐具偏白色细纹，背、两翼及尾偏绿色，腹部及臀偏白。虹膜褐色，喙近黑色，脚粉红。

绿翅短脚鹎成鸟

49　红尾噪鹛

拉丁名：*Trochalopteron milnei*
英文名：Red-tailed Laughingthrush
分类地位：雀形目 > 噪鹛科

红尾噪鹛的巢和卵

巢：碗状正开口，内口径 7 ～ 9 cm，深 6 ～ 7 cm，营巢于竹林中，少数于乔木上。巢材由竹叶、枯草组成，内垫一些黑丝。窝卵数 1 ～ 4 枚。

卵：(27.1 ～ 32.2) mm×(19.8 ～ 22.4) mm，重 5.6 ～ 7.8 g，白色底带少许红褐色至黑褐色斑点。

雏鸟：刚出壳的绒羽期雏鸟头背部带红棕色长绒毛，喙基部为明显的橙红色；针羽期针羽灰黑色；正羽期羽鞘破开露出深棕色羽毛；齐羽期头顶羽毛棕色，翅膀具红棕色斑纹。

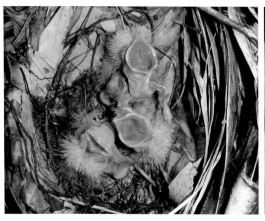
红尾噪鹛绒羽期雏鸟

红尾噪鹛针羽期雏鸟

红尾噪鹛正羽期雏鸟

接近齐羽期的红尾噪鹛雏鸟

相似种及区分：此种较为特殊，卵色与其他噪鹛不同，雏鸟亦有独特的红棕色绒毛和橙红色喙基，容易鉴别。

成鸟：26～28 cm，具显眼的鲜绯红色头顶、翅和尾，眼先、眉纹、颊、额和喉黑色，眼后有一灰色块斑，尾下覆羽近黑色。虹膜深褐色，喙和脚偏黑色。

红尾噪鹛成鸟1

红尾噪鹛成鸟2

50 红胸田鸡

拉丁名：*Zapornia fusca*

英文名：Ruddy-breasted Crake

分类地位：鹤形目 > 秧鸡科

巢：正开口，内口径 7 cm 左右。营巢于水边的草丛、灌丛和地面。巢材为枯草茎。窝卵数 7 枚左右。

卵：(29.7 ~ 33.2) mm×(22.1 ~ 23.6) mm，重 7.1 ~ 9.4 g，白色底布红褐色斑点。

红胸田鸡的巢和卵

红胸田鸡成鸟

雏鸟：早成性。

相似种及区分：本种特征明显，为靠水边的地面巢，卵大具红褐色斑点，无容易混淆的相似种类。

成鸟：19.3 ～ 23 cm，红褐色田鸡，后顶及上体纯褐色，头侧及胸深棕红色，颏白，腹部及尾下近黑并具白色细横纹。虹膜红色，喙偏褐色，脚红色。

51 紫啸鸫

拉丁名：*Myophonus caeruleus*
英文名：Blue Whistling Thrush
分类地位：雀形目 > 鸫科

巢：碗状正开口，内口径约 11 cm。营巢于洞穴石壁上。巢外层为大量苔藓和枯草，内层为细草茎和须根。窝卵数 3 枚左右。

卵：(34.9 ～ 37.2) mm×(24.7 ～ 25.6) mm，重 11.3 ～ 12.6 g，白色带淡棕色底，密布浅棕色细斑。

紫啸鸫的卵和巢

雏鸟：未知。

相似种及区分：本种特征明显，筑巢于洞穴石壁，卵大，无容易混淆的相似种类。

成鸟：26～35 cm，雌雄鸟体羽相似，通体蓝黑色，仅翅膀覆羽具少量的浅色点斑，翼及尾沾紫色闪辉，头及颈部的羽尖具闪光小羽片。虹膜褐色，喙黄色或黑色，脚黑色。

紫啸鸫成鸟 1

紫啸鸫成鸟 2

52　红头长尾山雀

拉丁名：*Aegithalos concinnus*
英文名：Black-throated Bushtit
分类地位：雀形目 > 长尾山雀科

巢：侧开口，内口径 3 ～ 4 cm，深 6 ～ 8 cm。营巢于茶地和灌丛。巢外层为大量苔藓，内层为枯草和羽毛，羽毛常为红色。窝卵数 6 ～ 8 枚。

卵：(11.8 ～ 15.3) mm×(10.1 ～ 11.7) mm，重 0.6 ～ 1.0 g，白色，钝端带棕色晕带，有时不明显。

红头长尾山雀的巢

红头长尾山雀的卵

雏鸟：刚出壳的绒羽期雏鸟几乎无绒毛，喙基部浅黄色；针羽期针羽灰黑色；齐羽期背部和翅膀覆羽灰黑色，翅膀近黑色带黄色羽缘，尾羽中央黑色两边白色，头顶和胸腹部灰白色，眼周具宽大的黑色过眼纹。

相似种及区分：本种的巢特征明显，外层苔藓内垫红色羽毛，卵小具棕色晕带，无容易混淆的相似种类。另外，红头长尾山雀的繁殖时间明显早于其他同域分布鸟种，主要在3月左右，5月后巢很少。

红头长尾山雀针羽期雏鸟

红头长尾山雀齐羽期雏鸟

成鸟：9.0～11.6 cm，头顶和颈背棕色，贯眼纹宽而黑，额及喉白且具黑色圆形胸兜，下体白且具不同程度的栗色。虹膜黄色，喙黑色，脚橘黄色。

红头长尾山雀成鸟

53 纯色山鹪莺

拉丁名：*Prinia inornata*
英文名：Plain Prinia
分类地位：雀形目 > 扇尾莺科

巢：侧开口吊巢，内口径约 4 cm，深约 6 cm。营巢于草丛和茶地。巢材为枯草细丝编织而成，悬吊在枝叶上。窝卵数 4 枚左右。

卵：(15.4 ～ 15.9) mm×(11.4 ～ 11.7) mm，重 0.9 ～ 1.0 g，淡绿色底布棕褐色大斑点。

纯色山鹪莺的巢

纯色山鹪莺的卵

纯色山鹪莺绒羽期雏鸟

纯色山鹪莺针羽期雏鸟

雏鸟：刚出壳的绒羽期雏鸟光秃无绒毛，喙基部浅黄色；针羽期针羽灰黑色；正羽期针羽羽鞘破开露出浅褐色羽毛；齐羽期身体羽色接近成鸟，背部浅褐色，翅膀褐色，喉胸腹部近白色。

接近齐羽期的纯色山鹪莺雏鸟

相似种及区分：本种的巢结构和生境与山鹪莺（*P. crinigera*）相似，但巢材和卵色差异大，山鹪莺的巢具有大量的芒絮和绵絮，卵为粉色密布红褐色细纹，并在钝端形成晕带，而纯色山鹪莺的巢材为枯草细丝，卵淡绿色带棕褐色大斑点。

成鸟：11～15 cm，尾长，眉纹色浅，上体暗灰褐色，下体淡皮黄色至偏红，背色较浅且单纯。

纯色山鹪莺成鸟

54 山鹪莺

拉丁名：*Prinia crinigera*

英文名：Striated Prinia

分类地位：雀形目 > 扇尾莺科

巢：侧开口，内口径约 5 cm，深约 6 cm。营巢于草丛。巢由枯草和大量芒絮编织而成，内垫棉絮。窝卵数 4 枚左右。

卵：(15.3 ～ 16.2) mm×(11.8 ～ 12.3) mm，重 1.1 ～ 1.3 g，粉色底密布红褐色细纹，钝端形成晕带。

山鹪莺的巢和卵

雏鸟：刚出壳的绒羽期雏鸟光秃无绒毛，喙基部黄色；针羽期针羽灰黑色；正羽期针羽羽鞘破开露出棕褐色羽毛。

山鹪莺绒羽期雏鸟

山鹛莺针羽期雏鸟

山鹛莺正羽期雏鸟

相似种及区分： 本种的巢结构和生境与纯色山鹛莺（*P. inornata*）相似，但巢材和卵色差异大，山鹛莺的巢具有大量的芒絮和棉絮，卵为粉色密布红褐色细纹，并在钝端形成晕带，而纯色山鹛莺的巢材为枯草细丝，卵淡绿色带棕褐色大斑点。

成鸟： 16 ～ 17 cm，具深褐色纵纹的鹛莺，具形长的凸形尾，上体灰褐并具黑色及深褐色纵纹，下体偏白，两胁、胸及尾下覆羽沾茶黄，胸部黑色纵纹明显。虹膜浅褐色，喙褐色至黑色，脚偏粉色。

山鹛莺成鸟

55   红头穗鹛

拉丁名：*Cyanoderma ruficeps*
英文名：Rufous-capped Babbler
分类地位：雀形目 > 林鹛科

巢：侧开口，内口径 3～5 cm，深 7～14 cm。营巢于竹丛、茶地和灌丛。巢材为竹叶或枯草，巢内垫少量枯草纤维。窝卵数 3～5 枚。

卵：(14.1～17.9) mm×(11.8～13.6) mm，重 1.0～1.7 g，白色底布浅棕色细纹斑点，有时斑点极少。

红头穗鹛的巢和卵

雏鸟：刚出壳的绒羽期雏鸟头被明显的灰色绒毛，喙基部黄色；针羽期针羽灰黑色；正羽期针羽羽鞘破开露出棕褐色羽毛。

相似种及区分：巢生境与强脚树莺（*Horornis fortipes*）和棕腹柳莺（*Phylloscopus subaffinis*）重叠，也同为侧开口巢，其中强脚树莺巢材同为枯草或竹叶，但巢内垫有羽毛，且卵为棕红色；而棕腹柳莺巢以细的枯枝和草编织，巢内也垫有羽毛，卵则为纯白色。

红头穗鹛正羽期雏鸟

成鸟：12 ～ 13 cm，顶冠橙红色，上体暗橄榄绿色，喉胸部沾黄，下体黄橄榄色，喉具黑色细纹。虹膜红色，上喙近黑色，下喙较淡，脚棕绿色。

红头穗鹛成鸟

56 黑颏凤鹛

拉丁名：*Yuhina nigrimenta*
英文名：Black-chinned Yuhina
分类地位：雀形目 > 绣眼鸟科

黑颏凤鹛的卵

巢：侧开口，内口径约 4 cm，深约 4 cm。巢吊于塌陷的土坎和树根石壁连接处，巢材为苔藓、棉絮和枯草纤维。窝卵数 4 枚左右。

卵：(15.0 ～ 17.3) mm×(12.2 ～ 13.2) mm，重 1.3 ～ 1.5 g，白色底布棕色斑点。

黑颏凤鹛的巢

雏鸟：刚出壳的绒羽期雏鸟头背部被灰黑色短绒毛，喙基部浅黄色；针羽期针羽灰黑色；正羽期针羽羽鞘破开露出棕褐色羽毛；齐羽期身体羽毛棕褐色，头顶黑色。

黑颏凤鹛针羽期雏鸟　　　　　　　　　接近齐羽期的黑颏凤鹛雏鸟

相似种及区分：此种的巢容易鉴别，以悬吊的形式筑于坍塌的土坎和树根石壁连接处，虽为侧开口，但与比氏鹟莺（*Seicercus valentini*）、栗头鹟莺（*Seicercus castaniceps*）和西南冠纹柳莺（*Phylloscopus reguloides*）有很大不同，其侧开口是由于巢悬吊时与树根石壁连接后，仅剩从侧面有小的入口可进入巢中，卵具斑点，也与这三种鸟的纯白色卵不同。

成鸟：9 ～ 11 cm，体色偏灰，羽冠形短，头灰，上体橄榄灰色，下体偏白色，额、眼先及颏上部黑色。虹膜褐色，上喙黑色，下喙红色，脚橘黄色。

黑颏凤鹛成鸟

57 山麻雀

拉丁名：*Passer cinnamomeus*
英文名：Russet Sparrow
分类地位：雀形目 > 雀科

山麻雀的巢和卵（此巢为巢箱内同时筑两窝）

巢：侧开口，内口径 5 ～ 8 cm。营巢于墙壁、石洞、屋檐、烟囱和人工巢箱。巢外层为大量枯草和芒絮，内层为枯草纤维和新鲜蒿叶。窝卵数 2 ～ 5 枚。

卵：(17.3 ～ 20.7) mm×(13.2 ～ 15.4) mm，重 1.5 ～ 2.5 g，白色底密布褐色斑点。同一窝中产卵顺序靠后的卵常具有白化现象，即明显出现斑点颜色变浅和斑点变少的情况。

雏鸟：刚出壳的绒羽期雏鸟光秃无绒毛，喙基部黄色；针羽期针羽灰黑色；正羽期针羽羽鞘破开露出棕褐色羽毛；齐羽期身体羽毛为棕褐色，翅膀羽缘皮黄色，并具有类似雌性成鸟的皮黄色眉纹。

山麻雀绒羽期雏鸟　　　　　　　　　山麻雀针羽期雏鸟

山麻雀正羽期雏鸟

山麻雀齐羽期雏鸟

相似种及区分：该种的巢容易鉴定，除了筑巢于墙壁、石洞、屋檐和烟囱之外，还喜欢利用居民点附近的人工巢箱，巢材几乎充满巢箱。白鹡鸰（*Motacilla alba*）偶尔也在巢箱筑巢，其卵与山麻雀相似，但卵斑较细，颜色较浅，且巢为典型正开口。

已出巢的山麻雀幼鸟

山麻雀成鸟（左雄右雌）

成鸟：11.3 ～ 14 cm，雄鸟顶冠及上体为鲜艳的黄褐色或栗色，上背具纯黑色纵纹，喉黑，脸颊浅白。雌鸟色较暗，具深色的宽眼纹及皮黄色的长眉纹。虹膜褐色，雄鸟喙灰色，雌鸟则为黄色且喙端色深，脚粉褐色。

58　金腰燕

拉丁名：*Cecropis daurica*

英文名：Red-rumped Swallow

分类地位：雀形目 > 燕科

巢：长颈瓶状侧开口，内口径 2.7 ～ 5.7 cm。营巢于屋檐。巢材为泥土。窝卵数 4 ～ 6 枚。

卵：(18.6 ～ 22.5) mm×(13.3 ～ 15.6) mm，重 1.1 ～ 1.9 g，白色底布红褐色斑点。

金腰燕的卵和巢

雏鸟：刚出壳的绒羽期雏鸟头背被灰色绒毛，喙基部黄色。

相似种及区分：无相似种。

成鸟：16～18 cm，浅栗色的腰与深钢蓝色的上体成对比，下体白而多具黑色细纹，尾长而叉深。虹膜褐色，喙和脚黑色。

金腰燕绒羽期雏鸟　　　　　金腰燕成鸟 1

金腰燕成鸟 2

59 褐胁雀鹛

拉丁名：*Schoeniparus dubius*
英文名：Rusty-capped Fulvetta
分类地位：雀形目 > 幽鹛科

褐胁雀鹛的巢和卵

巢：侧开口，内口径 5 ～ 7 cm，深 4 ～ 6 cm。营巢于草丛和灌丛。巢材为枯草和枯草纤维，有时内垫黑丝和兽毛。窝卵数 3 ～ 4 枚。

卵：(18.9 ～ 22.6) mm×(14.2 ～ 16.4) mm，重 1.8 ～ 2.9 g，白色底布浅褐色细纹或棕褐色斑点和细线。

雏鸟：刚出壳的绒羽期雏鸟头背被灰黑色绒毛，喙基部浅黄色；针羽期针羽灰黑色；正羽期针羽羽鞘破开露出棕色羽毛；齐羽期身体羽毛棕色，类似成鸟的棕色头顶和白色眉纹显现。

褐胁雀鹛绒羽期雏鸟　　　　　　　　褐胁雀鹛针羽期雏鸟

接近齐羽期的褐胁雀鹛雏鸟

相似种及区分： 巢和卵与褐顶雀鹛（*S. brunneus*）相似，区别在于褐胁雀鹛巢常用枯草和细枯草编织，较紧密，巢口略小，而褐顶雀鹛巢常用完整的竹叶组成，结构较松散，巢口略大。

成鸟： 12.3 ～ 14.8 cm，褐色雀鹛，顶冠棕色，上体橄榄褐色，显眼的白色眉纹上有黑色的侧冠纹，下体皮黄色而无纵纹。虹膜褐色，喙深褐，脚粉色。

褐胁雀鹛成鸟

60 褐顶雀鹛

拉丁名：*Schoeniparus brunneus*
英文名：Dusky Fulvetta
分类地位：雀形目 > 幽鹛科

巢：侧开口，巢内口径 7 ～ 8 cm，巢深 9 ～ 10 cm。营巢于茶地、灌丛和草丛。巢材为竹叶或枯草组成，巢内垫细草丝，有时还垫有须根。窝卵数 4 枚左右。

卵：(21.1 ～ 21.3) mm×(15.1 ～ 15.7) mm，重 2.4 ～ 2.5 g，白色底带棕褐色斑点和细线。

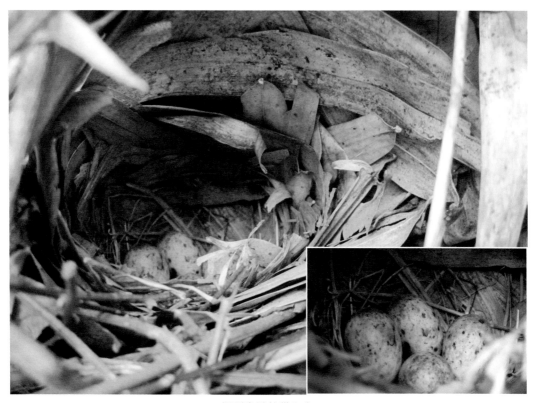

褐顶雀鹛的巢和卵

雏鸟：刚出壳的绒羽期雏鸟头背被黑色长绒毛，喙基部黄色；针羽期针羽灰黑色；正羽期针羽羽鞘破开露出棕色羽毛。

相似种及区分：巢和卵与褐胁雀鹛（*S. dubius*）相似，区别在于褐顶雀鹛巢常用完整的竹叶组成，结构较松散，巢口略大，而褐胁雀鹛的巢常用枯草和细枯草编织，较紧密，巢口略小。

成鸟：13 ～ 13.5 cm，顶冠棕褐，前额黄褐色，下体皮黄。虹膜浅褐或黄红色，喙深褐色，脚粉红色。

褐顶雀鹛绒羽期雏鸟

褐顶雀鹛成鸟

参考文献

郑光美，2017. 中国鸟类分类与分布名录 [M]. 第三版 . 北京：科学出版社 .

Lynx Edicions. Handbook of the Birds of the World Alive[EB/OL]. [2017-08-26].https://www.hbw.com/.

Lu X，2015. Hot genome leaves natural histories cold[J]. Science，349：1064.

索引 1 纯色卵鸟巢索引（按巢开口类型和卵大小排列）

种类	卵	巢口	卵长/mm	卵宽/mm	窝卵数/枚	巢址	巢材	巢密度	页码
金色鸦雀		正（吊巢）	14.6～15.3	11.0～11.5	2～5	竹林	（苔藓）+枯草丝+枯草纤维，常吊于竹末端	很低	2
暗绿绣眼鸟		正	14.2～17.2	11.1～12.8	3～5	乔木、灌丛、竹林、茶地	苔藓+胸喉丝+芒絮+枯草纤维（黑丝）	高	4
灰喉鸦雀		正	14.1～17.5	11.1～13.7	3～6	草丛、灌丛、茶地	（苔藓或喉丝）+枯草或枯竹叶+枯草纤维（黑色至白色兽毛）	很高	6
灰林鹏*		正	16.4～19.1	13.1～14.9	3～6	土坎土坡、少数在石洞、土洞、茶地、灌丛	苔藓+枯草+枯草纤维+兽毛（常为白色）	中	8

续表

种类	卵	巢口	卵长/mm	卵宽/mm	窝卵数/枚	巢址	巢材	巢密度	页码
铜蓝鹟**		正	17.3～20.3	13.3～15.0	3～6	土坎内侧、土坡、墙洞、石洞、屋檐、电表箱，极少在乔木和草丛	（枯树叶）+苔藓+（须根）+枯草纤维	中	10
白腹短翅鸲		正	18.6～23.6	15.0～16.9	2～4	茶地、灌丛，极少在草丛	枯草+须根+（枯草叶）+羽毛	中	12
画眉		正	24.0～28.4	18.8～21.8	2～5	草丛、灌丛、茶地，少数在乔木、竹林、土坎	枯树叶+竹叶+枯草+枯草细丝	高	14
白颊噪鹛		正	24.0～29.1	18.4～21.4	2～4	灌丛、茶地、竹林，少数在乔木	树叶+枯枝+松针+（枯草细丝）	高	16

续表

种类	卵	巢口	卵长/mm	卵宽/mm	窝卵数/枚	巢址	巢材	巢密度	页码
矛纹草鹛		正	24.2～30.4	18.5～22.3	2～4	灌丛，荒地，草丛，少数在乔木	细枝＋枯草＋草根＋枯草纤维	很高	18
棕噪鹛		正	26.0～33.3	20.1～21.9	4	乔木	枯枝＋树叶＋草茎＋（松针）＋枯叶纤维＋黑丝	低	20
灰胸竹鸡		正	33.8～35.1	24.9～26.2	5～8	地面	细枝＋枯叶	低	22
红腹锦鸡		正	41.5～46.2	31.0～36.8	4～9	地面	枯枝＋树叶＋羽毛	中	24

续表

种类	卵	巢口	卵长/mm	卵宽/mm	窝卵数/枚	巢址	巢材	巢密度	页码
环颈雉		正	42.8～48.1	33.7～35.6	5～9	地面，小土坡	枯草枝＋枯草	很低	26
栗头鹟莺		侧	12.9～15.9	10.5～11.7	3～6	土坎内侧，极少在茶地、灌丛	苔藓＋细枝＋须根＋枯草纤维	高	28
棕腹柳莺		侧	13.6～15.7	10.9～12.8	3～5	茶地，灌丛，草丛	（苔藓）＋细枝＋枯草纤维＋羽毛	高	30
西南冠纹柳莺		侧	13.4～16.2	11.4～12.1	3～5	土坎	苔藓＋枯草纤维＋棉絮	低	32

续表

种类	卵	巢口	卵长/mm	卵宽/mm	窝卵数/枚	巢址	巢材	巢密度	页码
比氏鹟莺		侧	14.8～16.9	11.6～12.5	3～5	土坎土坡，极少在灌丛，草丛	苔藓+枯草+枯草纤维+（棉絮）	高	34
白腰文鸟		侧	15.0～16.7	10.4～11.4	4～6	乔木（主要杉树），少数在灌丛	芒絮	低	36
强脚树莺		侧	16.0～18.1	12.6～13.8	3～4	茶地，灌丛，草丛	枯草或竹叶+细枝+枯草纤维+羽毛	很高	38
小鳞胸鹪鹛		侧	18.1～18.8	12.9～13.8	4	石壁	苔藓	很低	40

续表

种类	卵	巢口	卵长/mm	卵宽/mm	窝卵数/枚	巢址	巢材	巢密度	页码
棕颈钩嘴鹛		侧	21.5～28.7	16.9～20.0	3～5	土坎土坡、草丛	树叶＋枯草＋枯草细丝＋枯草纤维	低	42
斑胸钩嘴鹛		侧	26.5～29.4	19.3～20.7	3～4	草丛、土坎土坡	枯草或枯芒絮＋枯草细丝＋枯草纤维	很低	44

注：巢材中带括号表示在部分巢中不存在
* 灰林鸮鸟极少数情况卵带有不明显浅棕斑（灰林鸮右图）
** 铜蓝鹟鸫卵有的纯色有的带斑点

续表

种类	卵	巢口	卵长/mm	卵宽/mm	窝卵数/枚	巢址	巢材	巢密度	页码
白鹡鸰		正	19.8～22.2	14.9～15.7	4	土坎，墙洞，石洞，屋檐	苔藓＋枯草细丝＋（须根）＋枯草纤维＋兽毛（常为白毛）	低	76
三道眉草鹀		正	19.9～22.6	14.5～15.8	3～4	草丛，荒地，土坡	枯草＋枯草纤维＋兽毛	低	78
灰背燕尾		正	20.6～22.0	16.2～16.8	4	土坎，石壁	苔藓＋须根＋枯草纤维	很低	80
黄臀鹎		正	19.5～23.5	14.5～17.1	2～4	灌丛，荒地，草丛，少数在乔木	细枝＋枯草或枯竹叶＋芒絮，巢底常有塑料膜或尼龙布	很高	82

续表

种类	卵	巢口	卵长/mm	卵宽/mm	窝卵数/枚	巢址	巢材	巢密度	页码
鹊鸲		正	20.4～23.0	16.1～17.4	2～5	石洞、电表箱	枯草＋枯草纤维＋（黑丝＋兽毛）	很低	84
红嘴相思鸟		正	19.4～24.4	14.1～17.0	2～4	竹林、荣地，灌丛，极少草丛和乔木	苔藓＋竹叶或枯草＋枯草纤维＋（黑丝）	很高	86
棕腹大仙鹟		正	21.8～22.4	16.8～17.0	4	土坎内侧	苔藓	很低	88
黑卷尾		正	24	19	4	乔木	枯草秆＋枯草纤维＋植物纤维＋细麻纤维＋棉花纤维	很低	90

续表

种类	卵	巢口	卵长/mm	卵宽/mm	窝卵数/枚	巢址	巢材	巢密度	页码
领雀嘴鹎		正	21.6～26.8	16.2～18.9	2～4（4极少）	灌丛，茶地，乔木	细枝＋枯草或枯竹叶＋芒絮（松针或黑丝）	很高	92
白额燕尾		正	22.2～26.9	16.9～19.2	2～5	溪边土坎和石壁，少数在草丛	苔藓＋须根＋（枯草纤维）	低	94
绿翅短脚鹎		正	23.9～25.4	17.0～18.5	2～3	灌丛	枯草＋蜘蛛丝＋树叶＋松针和黑丝	很低	96
红尾噪鹛		正	27.1～32.2	19.8～22.4	1～4	竹林，极少在乔木	枯草＋竹叶＋黑丝	低	98

续表

种类	卵	巢口	卵长/mm	卵宽/mm	窝卵数/枚	巢址	巢材	巢密度	页码
红胸田鸡		正	29.7～33.2	22.1～23.6	7	水边草丛和灌丛、地面	枯草茎	很低	100
紫啸鸫		正	34.9～37.2	24.7～25.6	3	石头洞穴内	苔藓+枯草+细草茎+须根	很低	102
红头长尾山雀		侧	11.8～15.3	10.1～11.7	6～8	茶地、灌丛	苔藓+枯草+羽毛（常为红色羽毛）	低	104
纯色山鹪莺		侧	15.4～15.9	11.4～11.7	4	草丛、茶地	枯草细丝	很低	106

续表

种类	卵	巢口	卵长/mm	卵宽/mm	窝卵数/枚	巢址	巢材	巢密度	页码
山鹪莺		侧	15.3~16.2	11.8~12.3	4	草丛	枯草+芒絮+棉絮	很低	108
红头穗鹛**		侧	14.1~17.9	11.8~13.6	3~5	竹丛,茶地,灌丛	竹叶或枯草+枯草纤维	中	110
黑颏凤鹛		侧	15.0~17.3	12.2~13.2	4	土坎	苔藓+棉絮+枯草纤维	很低	112
山麻雀		侧	17.3~20.7	13.2~15.4	2~5	墙壁,石洞,屋檐,烟囱,巢箱	枯草+芒絮+枯草纤维+新鲜蒿叶	很高	114

续表

种类	卵	巢口	卵长/mm	卵宽/mm	窝卵数/枚	巢址	巢材	巢密度	页码
金腰燕		侧	18.6～22.5	13.3～15.6	4～6	屋檐	泥土	很低	116
褐胁雀鹛	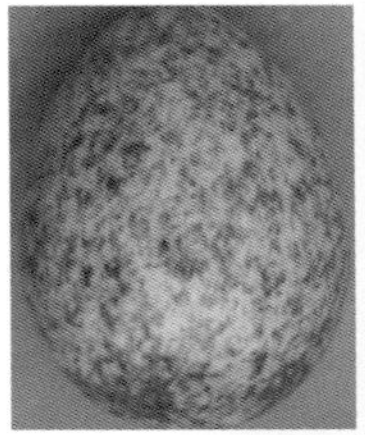 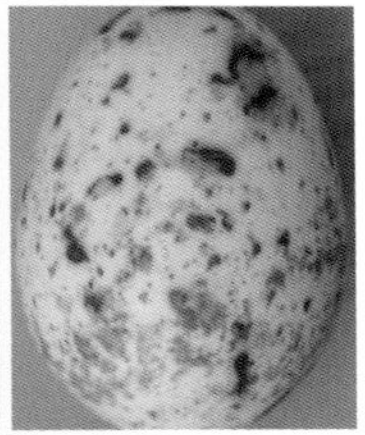	侧	18.9～22.6	14.2～16.4	3～4	草丛、灌丛	枯草+枯草纤维+（黑丝+兽毛）	低	118
褐顶雀鹛	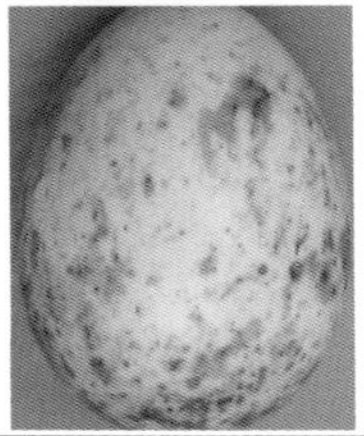	侧	21.1～21.3	15.1～15.7	4	茶地、灌丛、草丛	竹叶或枯草+细草丝+（须根）	低	120

注：巢材中带括号表示在部分巢中不存在

* 铜蓝鹟的卵有的纯色情况带点斑

** 红头穗鹛少数情况卵斑点极少（红头穗鹛卵左图）

索引3　正开口雏期鸟巢索引（按巢址类型和巢杯口径排列）

种类	绒毛期雏鸟	巢杯口径/cm	巢址	巢材	巢密度	页码
暗绿绣眼鸟	头被少量白色短小绒毛，喙基黄色	2～6	乔木、灌丛、竹林、茶地	苔藓＋蜘蛛丝＋芒絮＋枯草纤维＋（黑丝）	高	4
钝翅苇莺	无绒毛，喙基浅黄色	3.5～5.5	草丛、茶地、灌丛	苔藓＋枯草＋芒絮＋枯草纤维	中	52
灰喉鸦雀	无绒毛，喙基浅黄色	3.5～6.5	草丛、灌丛、茶地	（苔藓或蜘蛛丝）＋枯草或枯竹叶＋枯草纤维＋（黑色至白色兽毛）	很高	6
棕褐短翅蝗莺	头背被灰色长绒毛，喙基黄色	4～6	草丛、灌丛、茶地	枯草＋枯草纤维	高	56
酒红朱雀	未知	5	茶地、灌丛	苔藓＋枯草＋枯草细丝＋须根＋羽毛	很低	70
白腹短翅鸲	头背被灰黑色绒毛，喙基黄色	5～6.5	茶地、灌丛、极少在草丛	枯草＋须根＋（枯草纤维）＋羽毛	中	12
绿翅短脚鹎	未知	5～7	灌丛	枯草＋蜘蛛丝＋树叶＋松针和黑丝	很低	96
黄臀鹎	无绒毛，喙基白色	4.5～8	灌丛、茶地、草丛、少数在乔木	细枝＋枯草或竹叶＋芒絮，巢底常有塑料膜或尼龙布	很低	82
三道眉草鹀	头背被灰白色绒毛，喙基黄色	6～6.5	草丛、茶地、土坡	枯草＋枯草纤维＋兽毛	低	78
白领凤鹛	头背被灰色绒毛，喙基黄色	4.5～8	灌丛、竹林、茶地、草丛	（枯枝）＋须根＋（黑丝）	高	74
领雀嘴鹎	无绒毛，喙基白色	6～8	灌丛、茶地、乔木	细枝＋枯草或竹叶＋芒絮＋（松针或黑丝）	很高	92
白颊噪鹛	无绒毛，喙基白色	6～10	灌丛、茶地、草丛、少数在乔木	树叶＋枯枝＋松针＋（枯草细丝）	高	16
矛纹草鹛	头背被棕色短绒毛，喙基黄色	7～10	灌丛、茶地、少数在乔木、竹林、土坡	细枝＋枯草＋草根＋（枯草细丝）＋枯草纤维	很高	18
画眉	无绒毛，喙基黄色	6～12	草丛、灌丛、茶地、少数在乔木、竹林、土坎	枯叶＋竹叶枯草＋枯草丝＋枯草纤维	高	14
金色鸦雀	头被灰黑色长绒毛，喙基黄色	3.5	竹林	（苔藓）＋枯草丝＋枯草纤维，常吊于竹末端	很低	2

续表

种类	绒毛期雏鸟	巢杯口径/cm	巢址	巢材	巢密度	页码
金胸雀鹛	头背被灰色短绒毛，喙基浅黄色	3.5~5	竹林	竹叶或枯草+枯草纤维+黑丝+（羽毛）	低	46
金翅雀	头背被灰白色长绒毛，喙基白色	4~5	乔木（主要杉树），茶地	枯细枝+须根+枯草纤维+羽毛	很低	54
灰眶雀鹛	头背被灰色短绒毛，喙基黄色	3.5~6	竹林，灌丛，茶地，极少在草丛	苔藓+枯草+枯草纤维+兽毛	中	66
红嘴相思鸟	头背被灰色绒毛，喙基浅黄色	4~8	竹林，茶地，灌丛，极少在草丛和乔木	苔藓+竹叶或枯草+枯草纤维+（黑丝）	很高	86
红尾噪鹛	头背被红棕色长绒毛，喙基橙红色	7~9	竹林，极少在乔木	枯草+竹叶+黑丝	低	98
棕噪鹛	头背被少量灰色短小绒毛，喙基黄色	8~20	乔木	枯叶+树叶+草茎+（松针）+枯叶纤维+黑丝	低	20
黑卷尾	头背被暗褐色绒毛	9	乔木	枯草秆+枯草纤维+植物纤维+细嫩纤维+棉花纤维	很低	90
灰眉岩鹀	头背被灰色长绒毛，喙基黄色	4~6	地面或土坡	枯草+枯草纤维+兽毛（常为白色）	低	72
红胸田鸡	早成鸟	7	水边草丛，灌丛和地面	枯草茎	很低	100
灰胸竹鸡	早成鸟	8	地面	细枝+枯叶	低	22
红腹锦鸡	早成鸟	16~23	地面	枯枝+树叶+羽毛	中	24
环颈雉	早成鸟	21~23	地面，小土坡	枯草枝+枯草	很低	26
红尾水鸲	头背被灰色绒毛，喙基浅黄色	4~6	土坎	苔藓+须根+枯草纤维	低	68
栗耳凤鹛	头背被灰黑色绒毛，喙基黄色	5~6	土坎洞穴	树叶+苔藓+枯草纤维	低	58
黄喉鹀	头背被灰色绒毛，喙基黄色	5~7	土坎土坡，草丛，极少茶地和乔木	（苔藓）+枯草+枯草纤维+（黑丝）+兽毛（常为白色）	高	62

续表

种类	绒毛期雏鸟	巢杯口径/cm	巢址	巢材	巢密度	页码
灰林鵯	头背被灰色绒毛，喙基黄色	4.5～8	土坎土坡，少数在石洞、土洞、茶地、灌丛	苔藓＋枯草＋枯草纤维＋兽毛（常为白色）	中	8
灰鹡鸰	头背被灰白色长绒毛，喙基黄色	6～7.5	土坎岩缝隙、石洞、墙洞	（苔藓）＋枯草＋（须根）＋枯草纤维＋兽毛＋羽毛	低	60
白鹡鸰	头背被灰色长绒毛，喙基浅黄色	6～7.5	土坎、石洞、墙洞、屋檐	苔藓＋枯草细丝＋（须根）＋枯草纤维＋兽毛（常为白毛）	低	76
棕腹大仙鹟	头背被黑色长绒毛，喙基黄色	7	土坎内侧	苔藓	很低	88
灰背燕尾	头背被灰色绒毛，喙基浅黄色	7	溪边土坎和石壁	苔藓＋须根＋枯草纤维	很低	80
白额燕尾	头背被灰色绒毛，喙基浅黄色	7～9	溪边土坎和石壁，少数在草丛	苔藓＋须根＋（枯草纤维）	低	94
铜蓝鹟	头背被灰色绒毛，喙基浅黄色	5～7	土坎内侧、土坡、墙洞、石洞、电表箱，极少乔木和草丛	（树叶）＋苔藓＋（须根）＋枯草纤维	中	10
绿背山雀	头背被灰色短绒毛，喙基黄色	6	巢箱、石洞、土洞、墙洞	苔藓＋棉絮＋兽毛	很高	48
大山雀	头背被灰色短绒毛，喙基黄色	5.5～7.5	巢箱、石洞、土洞、墙洞	苔藓＋棉絮＋兽毛	低	50
北红尾鸲	头背被灰色绒毛，喙基白色	5～8	墙壁、石洞、屋檐、土坎	苔藓＋树皮或枯草＋兽毛（常为白色）＋羽毛	很低	64
鹊鸲	无绒毛，喙基浅黄色	6.2～8	石洞、电表箱	枯草＋枯草纤维＋（黑丝＋兽毛）	很低	84
紫啸鸫	未知	11	洞穴石壁	苔藓＋枯草＋细草茎和须根	很低	102

注：巢材中带括号表示该部分在部分巢中不存在

索引4 侧开口雏期鸟巢索引（按巢址类型和巢杯口径排列）

种类	绒毛和雏鸟	巢杯口径/cm	巢址类型	巢材	巢密度	页码
红头长尾山雀	几乎无绒毛，喙基黄色	3~4	茶地，灌丛	大量苔藓+枯草+羽毛（常为红色羽毛）	低	104
纯色山鹪莺	无绒毛，喙基浅黄色	4	草丛，茶地	枯草细丝	很低	106
棕腹柳莺	头被灰色短绒毛，喙基黄色	3~5	茶地，灌丛，草丛	（苔藓）+细枝+枯草纤维+羽毛	高	30
红头穗鹛	头被灰色绒毛，喙基黄色	3~5	竹丛，茶地，灌丛	竹叶或枯草+枯草纤维	中	110
山鹪莺	无绒毛，喙基黄色	5	草丛	枯草+芒絮+棉絮	很低	108
强脚树莺	头被灰黑色长绒毛，喙基浅黄色	3~7	茶地，灌丛，草丛	枯草或竹叶+细枝+枯草纤维+羽毛	很高	38
褐胁雀鹛	头背被灰黑色绒毛，喙基浅黄色	5~7	草丛，灌丛	枯草+枯草纤维+（黑丝+兽毛）	低	118
褐顶雀鹛	头背被黑色长绒毛，喙基黄色	7~8	茶地，灌丛，草丛	竹叶或枯草+细草丝+（须根）	低	120
斑胸钩嘴鹛	头背被灰黑色绒毛，喙基浅黄色	7~8	草丛，土坎土坡	枯草或芒絮+枯草细丝+枯草纤维	很低	44
西南冠纹柳莺	头背被灰色短绒毛，喙基黄色	2.5~4	土坎	苔藓+枯草纤维+棉絮	低	32
比氏鹟莺	头背被灰色绒毛，喙基黄色	2~5	土坎土坡，极少灌丛，草丛	苔藓+枯草+枯草纤维+（棉絮）	高	34
栗头鹟莺	头背被灰色短绒毛，喙基浅黄色	2~6	土坎内侧，极少在茶地，灌丛	苔藓+细枝+须根+枯草纤维	高	28
黑颏凤鹛	头背被灰黑色短绒毛，喙基浅黄色	4	土坎	苔藓+棉絮+枯草纤维	很低	112
棕颈钩嘴鹛	头背被灰色长绒毛，喙基黄色	6~7	土坎土坡，草丛	树叶+枯草+枯草细丝+枯草纤维	低	42
白腰文鸟	几乎无绒毛，喙基白色	4~5.5	乔木（主要杉树），少数灌丛	芒絮	低	36

续表

种类	绒毛期雏鸟	巢杯口径 /cm	巢址类型	巢材	巢密度	页码
金腰燕	头背被灰色长绒毛，喙浅黄色	2.7～5.7	屋檐	泥土	很低	116
山麻雀	无绒毛，喙基黄色	5～8	巢箱、墙壁、石洞、屋檐、烟囱	枯草＋芒絮＋枯草纤维＋新鲜蒿叶	很高	114
小鳞胸鹪鹛	未知	7	石壁	苔藓	很低	40

注：巢材中带括号表示在部分巢中不存在

索引5　学名索引

索引6 英文名索引

索引7 中文名索引